実務で使える

メール技術の教科書

基本のしくみから
プロトコル・サーバー構築・送信ドメイン認証
添付ファイル・暗号化・セキュリティ対策まで

Toshikatsu Masui
増井 敏克

はじめに

メール技術を学ぶ必要性

個人間のコミュニケーションでは電子メール（以下、メール）を使う頻度が減り、SNSを使う方が増えています。企業間のコミュニケーションでも、SlackやTeamsなどのチャット機能が使われるようになりましたし、ZoomなどのWeb会議ツールを使うことも当たり前になりました。

しかし、企業間における初対面のやり取りでは、依然としてメールを使うことが多いものです。そのため、仕事で使う名刺にはメールアドレスを記載している会社が多いでしょう。

また、ほとんどのSNSやWebサービスのアカウント作成にはメールが必要です。インターネット上で提供されるサービスへの会員登録やログインにはメールアドレスが求められますし、登録したWebサイトからの通知にもメールが使われています。どれだけSNSが普及しても、比較的幅広い層に連絡が取れる手段としてメールが使われる状況は続きそうです。今や、郵便や電話に次ぐインフラといってもよいでしょう。

このような時代において、**Webサイトを構築・運営するITエンジニアや企業の情報システム担当者にとっては、メールサーバーの構築やメールマガジンの配信、メーリングリストの管理などに関する知識は必須だといえます。**

もちろん、最近は自社でメールサーバーを構築することは減り、クラウド型のメールサービスを利用するだけで済むことも増えました。しかし、これらのサービスを使うときも、企業が所有するドメインで利用するにはDNSなどの設定が必要です。

しかも、メールはインターネットが登場した1980年代から長く使われる中で、その技術は少しずつ更新されています。盗み見を防ぐためにメール本文の暗号化や通信の暗号化が求められ、スパムメールの送信を防ぐために送信ドメイン認証が追加されました。標的型攻撃やビジネスメール詐欺などの手口の普及もあり、セキュリティに関する知識も問われるようになってきました。

本書の特徴

メールについての技術を学ぶとき、書店を訪問して本を探す人は多いでしょう。ところが、書店でメールについての本を探しても、メールの技術を中心にそのしくみを解説した本はほとんどありません。あるのは、次のような本だけです。

- **Linux などのサーバー構築についての本 → メールサーバーの構築**
- **DNS についての本 → ドメインや IP アドレスの知識**
- **セキュリティについての本 → 暗号化や認証、ウイルス、スパムなど**

これらはすべて個別の技術であり、メールについて体系的に学べる本がほとんどないのです。結果として、実務の現場では必要な知識だけをインターネットで調べたり、先輩に聞いたりしているのが実態です。メールについての技術をきちんと学んだ先輩や、社内のシステムを構築した先輩はベテランになっており、すでに退職している状況も多いと推測されます。

そこで本書では、メールで使われる技術を軸に、その配送のしくみやメールサーバーの構築・運用について解説するとともに、盗み見や迷惑メールの防止などに使われているさまざまな技術についても解説しています。

システムを開発する技術者はもちろん、メールサーバーの管理者、一般のプロバイダが提供するメールサービスを使用する利用者の立場でも、メールで使われている技術について体系的に学べる教科書を目指しました。

メール技術の歴史や、メールサーバーを構築するための手順、迷惑メールを防ぐための取り組みを知ることで、現在のメールについての設定についてその背景を理解できます。また、メールを扱うシステムの開発に関わるときにもお役立ていただけると嬉しいです。

2024年1月　増井 敏克

CONTENTS

第2章

送受信に使われるプロトコル

CONTENTS

第4章

ファイルの添付とHTMLメール

第5章

スパムメールを防ぐ技術

第6章
メールの暗号化と署名

第7章

メーリングリストとメールマガジン

読者特典データのご案内

読者の皆様に「メールに関するRFCの一覧（PDF）」をプレゼントいたします。
読者特典データは、以下のサイトからダウンロードして入手なさってください。

https://www.shoeisha.co.jp/book/present/9784798183930

※読者特典データのファイルは圧縮されています。ダウンロードしたファイルをダブルクリックすると、ファイルが解凍され、ご利用いただけるようになります。

●注意
※読者特典データのダウンロードには、SHOEISHA iD（翔泳社が運営する無料の会員制度）への会員登録が必要です。詳しくは、Webサイトをご覧ください。
※読者特典データに関する権利は著者および株式会社翔泳社が所有しています。許可なく配布したり、Webサイトに転載することはできません。
※読者特典データの提供は予告なく終了することがあります。あらかじめご了承ください。

●免責事項
※読者特典データの記載内容は、2024年1月現在の法令等に基づいています。
※読者特典データに記載されたURL等は予告なく変更される場合があります。
※読者特典データの提供にあたっては正確な記述につとめましたが、著者や出版社などのいずれも、その内容に対して何らかの保証をするものではなく、内容やサンプルに基づくいかなる運用結果に関しても一切の責任を負いません。
※読者特典データに記載されている会社名、製品名はそれぞれ各社の商標および登録商標です。

第1章

メールが相手に届くまで

普段からメールを使っていても、その送受信に使われている技術を意識する場面はほとんどありません。最初に設定してしまえば誰でも使えるメールですが、エラーが発生したときに備えて、どうやって相手に届くのか、その技術の概要を整理しておきましょう。

1-1

メールアドレスとドメイン

使えるのはこんな人や場面！

- メールを届けるしくみと従来の通信との違いを知りたい方
- メールアドレスから送信者の情報を知りたい方
- ドメインを構成する項目の意味を知りたい方

■ 電子メールの特徴

離れた場所にいる相手に情報を伝えるために、昔からさまざまな通信手段が考えられてきました。人の目に見える光を使った方法として、狼煙（のろし）は紀元前から使われていたといわれますし、人に聞こえる音を使った方法として鐘を鳴らす方法もあります。モールス信号や電話のように、電気信号を使う方法もあります。

これらはいずれもリアルタイム性がある一方で、送る側（送信者）と受け取る側（受信者）が互いの時間を合わせる必要がありました。電話で会話する場合は、それぞれが受話器を持ち、常につないでいなければなりません**【図 1-1】**。

図 1-1　リアルタイム性が求められる通信手段

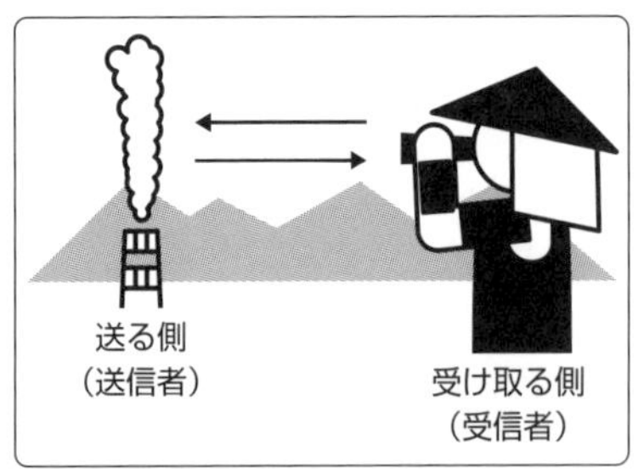

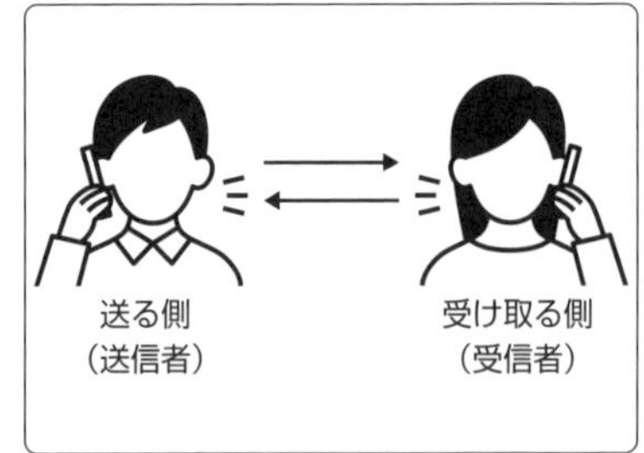

一方、郵便で手紙を送る場合は、街の中に設置されているポストに投函すると、宛先の家にあるポストまで郵便配達員が届けてくれます。受け取る側は、時々ポストをチェックして、届いていればその中身を確認すれば済みます。郵便では手書きで書いた文字を送るだけでなく、カメラで撮影した写真や、動画を記録したDVDなどを入れて送ることもできます。

また、街の中には掲示板が用意されていて、チラシや文書を貼ることで、それを見た人に情報を伝える方法も使われています。**これらの方法にリアルタイム性はありませんが、互いの生活時間帯がずれていても情報を伝えられます【図1-2】**。

図1-2　リアルタイム性が求められない通信手段

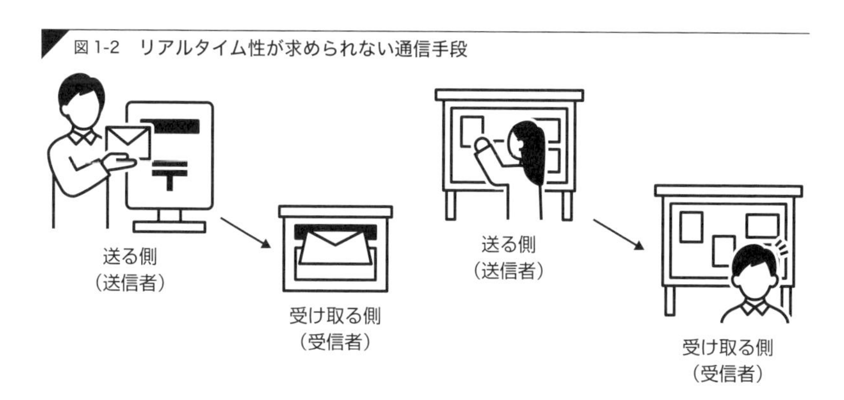

手紙のようなやり取りをインターネット上で実現したしくみとして**電子メール**（以下、メール）があります。英語では「Electronic mail」と呼ばれ、日常では「Email」や「E-mail」と表記されます。電気的なネットワークを通じてメッセージをやり取りできるしくみで、文字だけでなく画像や音声などのファイルを添付して他の人と共有することもできます。

似たようなやり取りが可能なしくみとして、チャットやSNSもあります。これらも便利ですが、本書では「はじめに」で書いた理由から、メールに着目して解説します。

メールは郵便と同様にリアルタイム性はありませんが、私たちは届いたメールがないかをお互いの空き時間にチェックしています。**これを実現するためには、郵便におけるポストの役割をするものが必要です**【図 1-3】。

図 1-3　メールを送受信するときに必要な郵便におけるポストの役割

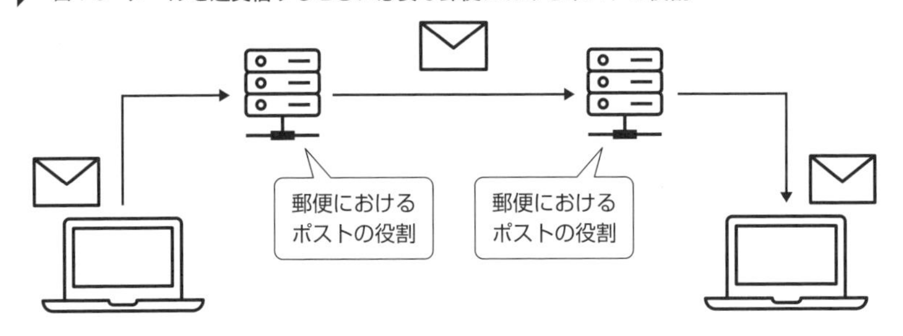

メールにおいて郵便でのポストの役割を担うものは**メールサーバー**と呼ばれ、配送を担うものと受信を担うものがあります。メールを送りたいときは、契約しているメールサーバーに向けてメールを送信します。メールサーバー間でメールを転送してくれるので、受信者は自分が契約しているメールサーバーからメールを受信します。

ここで大切なのは、メールは送信者から受信者へ直接送られるのではなく、**複数のメールサーバーを経由して届けられる**ということです。**図 1-4** のように途中で複数のメールサーバーを経由することもあります。

図 1-4　複数のメールサーバーを経由

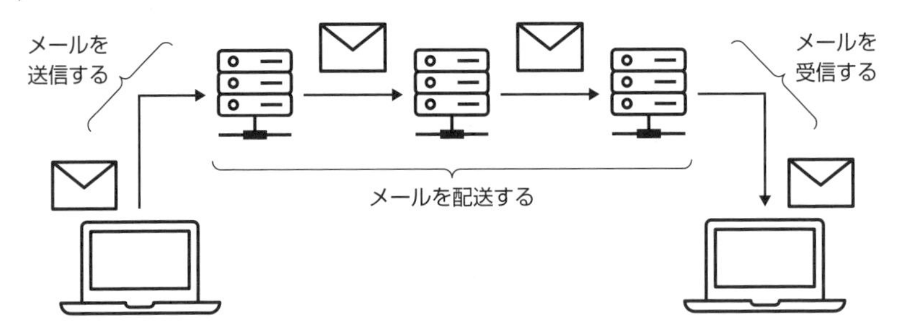

これを見ると、メールを届けるしくみは、郵便で手紙を届けるしくみに似ているといえます。郵便でもポストで郵便配達員が収集した手紙を郵便局に持ち込み、それを他の郵便局に送って配送します。

ポストに届いたものを、受信者が自分でポストまで取りにいかなければならないところも似ています。ただし、メールと郵便には大きな違いがあります。それは「速さ」と「コスト」です。

メールは電気的なネットワークを経由するため、その内容がほぼリアルタイムに相手のメールサーバーまで届きます。手紙を郵便で送るときと比べると、圧倒的に高速だといえます。

また、物理的な紙や、郵送にかかる費用（切手代など）がかからないため、低価格で送信できます。パソコンやネットワークを用意する必要はありますが、それさえ用意すればあとは基本的に無料で使用できます。同じ内容を多くの人に送信するときは、圧倒的にコストが安くなります。

その他にも、「送信したデータが手元に残る」「容易に検索できる」といった違いもあり、便利な通信手段だといえます。

ここで、疑問が浮かんだ人がいるかもしれません。手紙なら近くのポストに入れる必要がありますが、インターネット経由なら複数のメールサーバーを経由しなくても、**図1-5**のように相手のメールサーバーに直接送信できるのではないか、ということです。

図1-5　相手のメールサーバーに直接送信

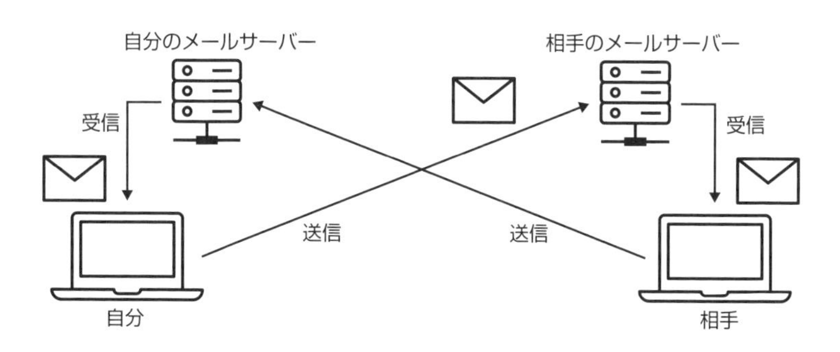

実際、Webサイトを閲覧するときは、私たちはWebブラウザを使って、**図1-6**のように相手のWebサーバーに直接アクセスしています。それと同じように、メールを送信するときも相手のメールサーバーに直接送ればいいのではないでしょうか？

図1-6　Webサイトの閲覧

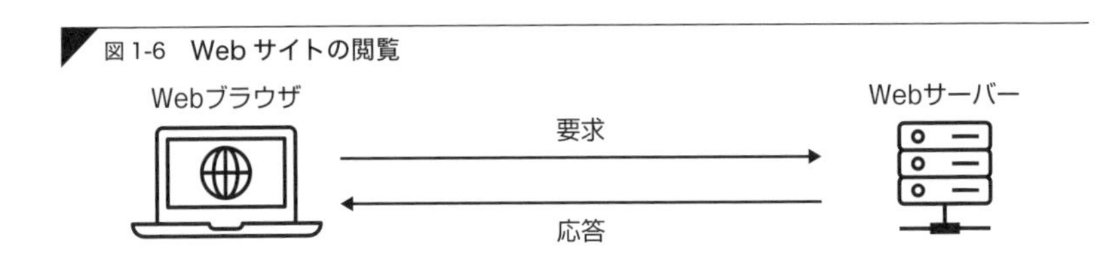

相手のメールサーバーに直接メールを送信することも技術的には可能ですが、さまざまな理由があってメールを複数のメールサーバーで配送しています。**なぜ複数のメールサーバーを経由しているのか、その理由を考えながら、読み進めてみてください。**

■ メールアドレスの役割とルール

郵便とメールを比べたとき、相手がいる場所をどうやって識別するのかという違いもあります。郵便で手紙を送るには、相手の名前と住所が必要ですが、メールでは物理的な場所に送るわけではないため、住所は不要です。

その代わりに、メールでは**メールアドレス**を使います。メールアドレスは、郵便で使う名前と住所の両方の役割を兼ねているといえます。たとえば、「taro@example.com」というメールアドレスでは、「@（アットマーク）」の左側が名前、右側が住所に該当します。

つまり、「example.com」という場所や組織にいる「taro」という名前の相手であることを意味しています。メールアドレスは送信者と受信者の両方が使用するため、双方のメールアドレスを見ると誰から誰にメールが送信されたのかを確認できます**【図1-7】**。

図1-7　メールアドレスの意味

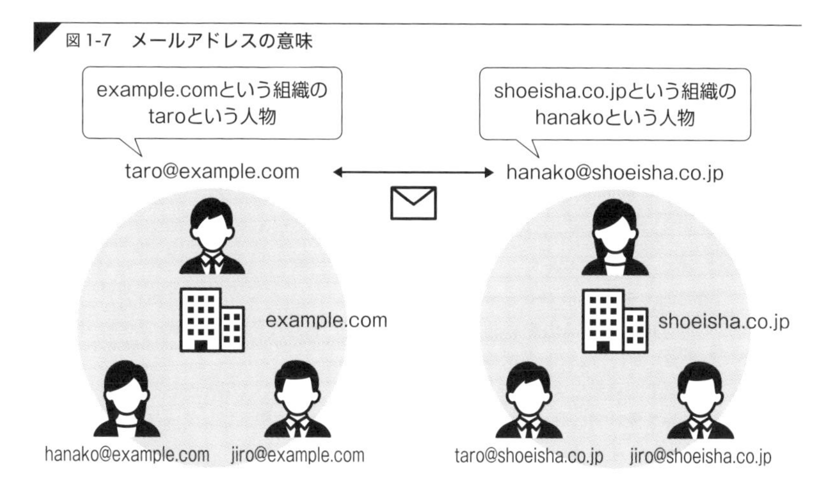

メールアドレスの形式は、「RFC 5322※1」という文書で定められており、「@」の左側をローカルパート（local-part)、右側をドメインパート（domain-part）※2と呼びます。

この文書では、**メールアドレスに使える文字数や使える文字の種類も決められています**。

たとえば文字数では、ローカルパートに64文字、ドメインパートに255文字という上限（最大長）があり、送信者や受信者のメールアドレスとして使えるのは全体で256文字です。ただし、長いメールアドレスは入力も面倒ですし、名刺などに印刷するときもスペースが限られていることが多いため、簡潔なものを使用しましょう。

メールアドレスに使える文字は、アルファベットや一部の記号しか許されていませんでした。しかし、2012年にRFC 6532という国際化対応の文書が定められたこともあり、漢字やひらがな、カタカナなどの文字をメールアドレスに使えるサービスも増えています。ただし、あまり普及はしておらず、相手が対応していない可能性も考えると避けたほうがよいでしょう。

※1 当初はRFC 822という文書で定められ、その後RFC 2822に改定された。現在はRFC 5322が最新。
※2 RFC 5322ではドメイン（domain）と書かれている。

なお、ほとんどの環境において、メールアドレスでは英字の大文字と小文字は区別されません[※3]。つまり、「TARO@EXAMPLE.COM」と書いても「taro@example.com」と書いても同じメールアドレスを意味します。ただし、一般的には小文字を使うことが推奨されています。

memo

RFCは「Request For Comments」の略で、インターネットで使われている技術を標準化する機関であるIETF（Internet Engineering Task Force）が発行している文書のことです。
技術者や研究者によって作成され、コミュニティにおいてフィードバックや批評を受けて改訂されています。広く採用された仕様はインターネット標準として承認されることもあります。
メールに関するRFCの一覧をダウンロード特典としてまとめていますので、参考にしてください。

■ ドメインの役割とルール

メールアドレスの後半部分（ドメインパート）に指定されるものを**ドメイン**と呼び、**インターネットにおける特定のネットワークを意味します**。このドメインを識別するためにつけた名前を**ドメイン名**といいます。

一般に、ドメインは企業などの組織単位で用意され、ドメイン名にはその組織の名前が多く使われます。たとえば、本書の出版元である翔泳社のドメイン名は「shoeisha.co.jp」です。

このように、ドメイン名はドット（ピリオド）で区切られており、右端から順に**トップレベルドメイン**（**TLD**；Top Level Domain）、**セカンドレベルドメイン**、などと呼びます。トップレベルドメインには**表1-1**のような**gTLD**（generic Top Level Domain）の他、国や地域に割り当てられている**ccTLD**（country code Top Level Domain）があります。

※**3** RFC 5321には「ローカルパートで大文字と小文字を区別することは相互運用性を妨げ、推奨されない」と書かれている。ドメインパートについては区別されない。

表1-1 gTLDの例

gTLD	意味
com	商業組織
net	ネットワーク管理組織
org	非営利組織、団体
edu	教育機関
gov	米国政府機関
info	誰でも登録できる

memo

gTLDはどんどん増えており、「.tokyo」「.osaka」のような地方名や、「.canon」「.hitachi」のような企業名、「.shop」「.tech」「.work」のようなジャンル名もあります。

ccTLDは国名を2文字に省略したものが使われることが多く、日本であれば「jp」、イギリスであれば「uk」、フランスであれば「fr」などが使われます**【表1-2】**。

表1-2 ccTLDの例

ccTLD	国名	ccTLD	国名
au	オーストラリア	it	イタリア
br	ブラジル	jp	日本
cn	中国	kr	韓国
de	デンマーク	nz	ニュージーランド
fr	フランス	ru	ロシア
hk	香港	uk	イギリス

　このccTLDにおけるセカンドレベルドメインとして、**表1-3**のようなものがあります。

表1-3：ccTLDにおけるセカンドレベルドメインの例（jpドメインの場合）

属性型ドメイン名	
ac.jp	大学など
co.jp	企業
go.jp	政府機関
ed.jp	小・中・高等学校
ne.jp	ネットワークサービス
or.jp	その他組織

地域型ドメイン名（新規登録は終了） →都道府県型JPドメインに
例）pref.osaka.jp 大阪府 metro.tokyo.jp 東京都

汎用JPドメイン名 日本に住所があれば誰でも登録できる
例）example.jp 日本語.jp

　つまり、メールアドレスの後半が「shoeisha.co.jp」であれば、「日本」の「企業」である「翔泳社」のドメインであることを意味しています。

　なお、ドメイン名はメールアドレスに使われるだけでなく、Webサイトを閲覧するときの**URL**（Uniform Resource Locator）にも使われています。つまり、「https://www.shoeisha.co.jp」というURLにWebブラウザでアクセスすると、翔泳社のWebサイトが表示されます。

　ここで使われた「www」は**サブドメイン**と呼ばれ、ドメインをさまざまな用途に応じて分割するために使われます。このサブドメインは、そのドメインの管理者が自由に指定できます。Webでは「www」が使われることが多く、メールでは「mail」などが使われることもあります**【図1-8】**。

図1-8　サブドメイン

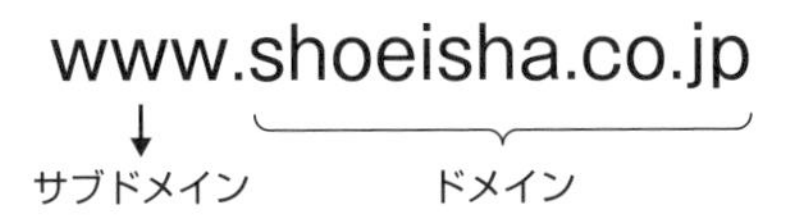

1-2

メールサーバーとメールソフト（クライアント）

使えるのはこんな人や場面！

- プロトコルの必要性に疑問を持っている方
- メールソフトと Web メールのしくみの違いを知りたい方
- メール送受信の全体像が知りたい方

■ メールサーバーの役割

メールは複数の組織をまたいで使われるため、それぞれの組織が使うメールシステムは異なるメーカーで作られた可能性があります。世界中のコンピュータがやり取りをするためには、特定のメーカーで作ったシステムだけで通信できるのでは意味がありません。

そこで、メールの送信など、**ネットワーク経由でやり取りをするときは、それぞれが同じルールで通信する必要があります**。このようなルールを**プロトコル**といい、「通信規約」と訳されます。決められたプロトコルを使用して通信することで、異なるメーカーが開発したシステムでも問題なく通信できます**【図 1-9】**。

図 1-9　プロトコルの必要性

メールの送信や転送には **SMTP**（Simple Mail Transfer Protocol）というプロトコルが使われています。また、メールの受信には **POP**（Post Office Protocol）や **IMAP**（Internet Message Access Protocol）というプロトコルが使われています。メールはメールサーバーを経由して送信されることを解説しましたが、送信や転送に使われるプロトコルは受信で使われるプロトコルとは違うのです。

これらのプロトコルで通信するためには、それぞれのプロトコルに対応したソフトウェアが必要です。つまり、メールサーバーには、送信や受信などの役割に応じて、それぞれ別のソフトウェアが使われています。

メールの送信や転送には SMTP を使うため、この役割を担うサーバーである **SMTP サーバー**に接続します。また、メールの受信には POP や IMAP を使うため、POP を使う場合は **POP サーバー**に、IMAP を使う場合は **IMAP サーバー**に接続します。

たとえば、メールの送信や転送に SMTP を、受信に POP を使う場合は、**図 1-10** のような経路で配送されます。最後のサーバーは、SMTP サーバーと POP サーバーの両方の役割をしています。

図 1-10　SMTP と POP を使う場合

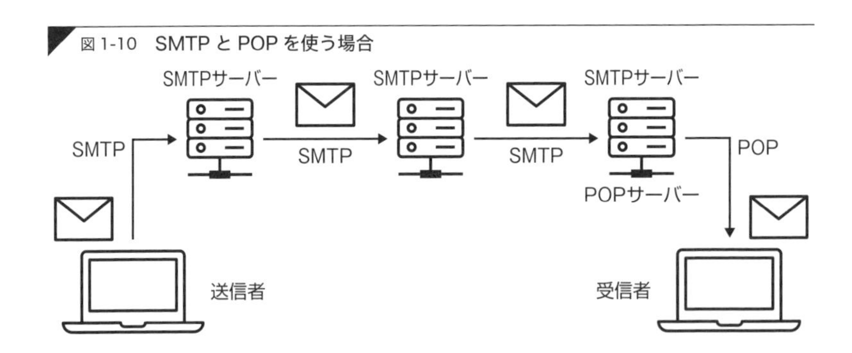

また、メールの送信や転送にSMTPを、受信にIMAPを使う場合は、**図1-11**のような経路で配送されます。最後のサーバーがPOPからIMAPに変わっただけで、その他は同じです。

図1-11 SMTPとIMAPを使う場合

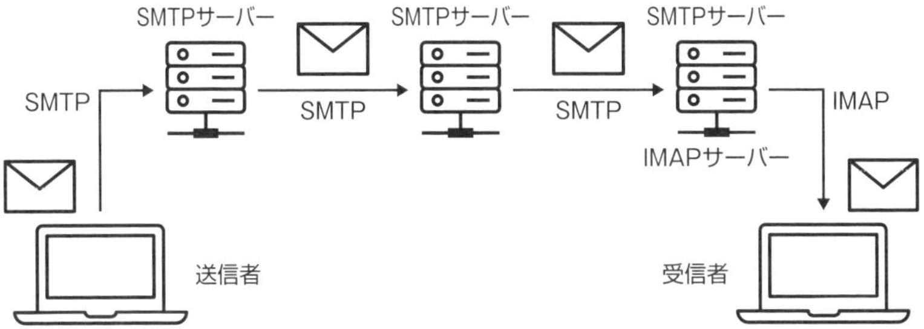

このように、SMTPサーバーは、メールの送信や転送に使うメールサーバーです。送信者は自分が契約しているSMTPサーバーにメールを送信し、このSMTPサーバーは受け取ったメールを、次のメールサーバーに転送します。これらの通信にSMTPというプロトコルが使われます。

一方のPOPサーバーとIMAPサーバーは、受信者がメールを受信するときに使うメールサーバーです。受信者とPOPサーバーとの間ではPOPというプロトコルが、受信者とIMAPサーバーとの間ではIMAPというプロトコルが使われます。

これらは**表1-4**の文書で定められています。

表1-4 メールの送受信に使われるプロトコルと文書

プロトコル	役割	定められている文書
SMTP	メールの送信・転送	RFC 5321
POP	メールの受信	RFC 1939
IMAP	メールの受信	RFC 9051

memo

POP の最新バージョンは 3 であること、IMAP の最新バージョンは 4 であることから、POP3 や IMAP4 と表記されることもあり、これらのサーバーを POP3 サーバーや IMAP4 サーバーと表記することもあります。現在は、これら以外のバージョンが使われることがほぼないため、本書ではバージョンを指定せず、POP や IMAP と表記します。

POP と IMAP の大きな違いとして、受信したメールを管理する場所が挙げられます。POP では、利用者がメールをパソコンやスマートフォンで受信する操作をすると、サーバー上のメールボックスからメールを削除し、利用者のパソコンやスマートフォンで管理することが一般的です。一方、IMAP では利用者がメールを受信する操作をしても、サーバー上のメールボックスにはメールを残したままにして、サーバー上で管理します。

POP を使う場合は、受信したメールを利用者のパソコンやスマートフォンに保存するため、一度受信してしまえばインターネットに接続することなくメールを確認できます。ただし、受信した端末でしか確認できないため、あるパソコンで受信すると、他のパソコンやスマートフォンでは閲覧できません**【図 1-12】**。

図 1-12　POP におけるメールの管理

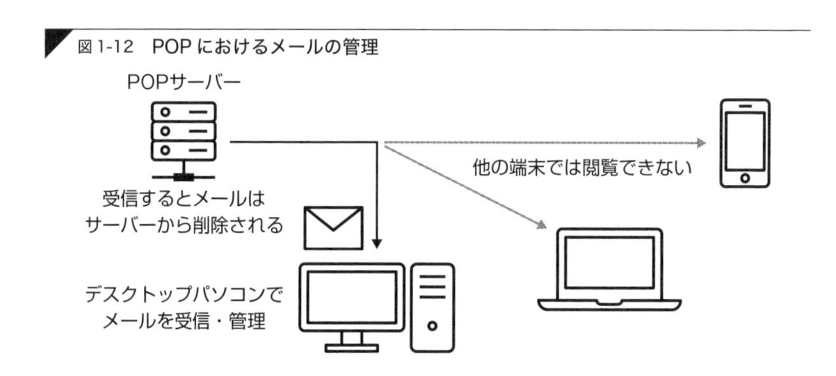

一方のIMAPサーバーの場合は、受信したメールをサーバー上で管理します。このため、メールを確認するにはその都度インターネットに接続する必要がありますが、インターネットにさえ接続できれば、複数のパソコンやスマートフォンで閲覧できます**【図1-13】**。

図1-13　IMAPにおけるメールの管理

IMAPサーバー
メールはサーバーで
管理する
どの端末でも閲覧できる

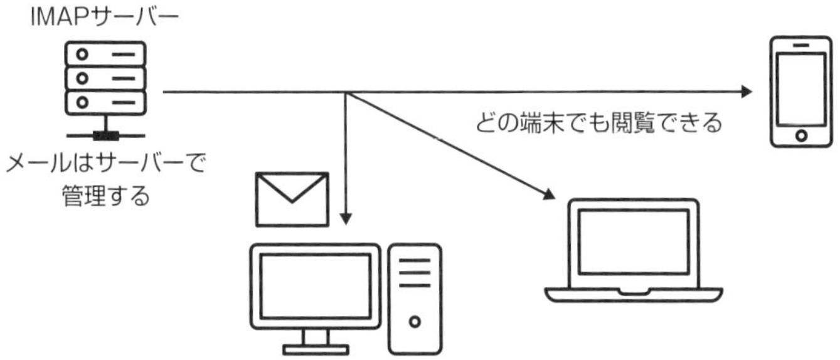

旧来はメールサーバー上で利用者に割り当てられた容量が少ないことが多く、POPを使ってサーバーにメールを残さない使い方が一般的でした。しかし、最近ではサーバーの容量も多くなり、1人で複数台のパソコンやスマートフォンを使うことが当たり前になったこと、インターネットへの接続が安価で高速になったことなどから、IMAPを使ってサーバー上でメールを管理する使い方が一般的になっています。

なお、SMTPやPOP、IMAPというプロトコルの詳細については第2章で解説します。

■ メールソフトの機能

メールを送受信するときに使う、SMTPやPOP、IMAPといったプロトコルを学ぶと、そのやり取りを手作業で入力することもできます。しかし、多くの人にとってこれらのプロトコルを学ぶのは大変ですし、毎回メールサーバーに接続してコマンドを入力するのは不便です。

そこで、メールを読み書きするためのソフトウェアが一般的に使われており、これを**メールソフト**や**メーラー**といいます。また、メールサーバーと対比させてメールクライアントと呼ぶこともあります。

memo

サーバーは何らかのサービスを提供するものを指し、クライアントはそのサービスを利用するものを指します。サーバーは常に動作しており、クライアントからサーバーに要求することでさまざまなサービスを利用できます。

一般的なメールソフトは、メールの送信と受信の機能だけでなく、新しいメールの作成や届いたメールを管理するための機能を持ちます。さらに、名前やメールアドレスなどの連絡先情報を管理する機能を備えた製品や、カレンダー機能を備えた製品もあります。よく使われるメールソフトとして、Outlook や Thunderbird、Sylpheed などがあります【図 1-14】。

図 1-14　メールソフトが備える代表的な機能（Thunderbird の場合）

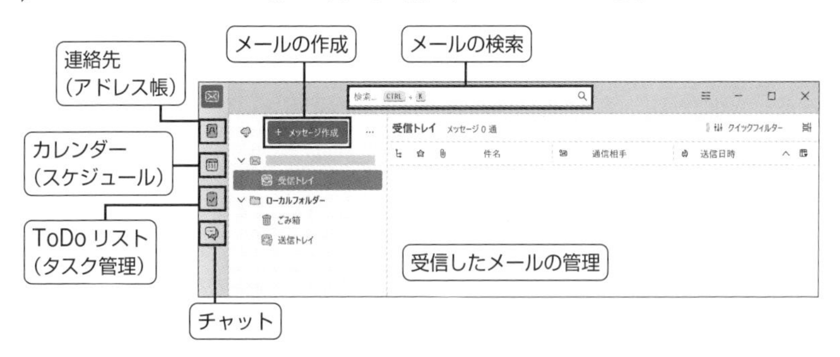

近年では、Web ブラウザ上でメールを管理する **Web メール**と呼ばれるしくみがよく使われています。Web メールの場合、利用者はパソコンにメール

ソフトなどをインストールするのではなく、Webブラウザを使って一般のWebサイトと同様にWebサーバーにアクセスします。

そして、WebサーバーがSMTPでメールサーバーにメールを送信し、IMAPでメールを受信します。利用者はWebブラウザさえあればメールを送信したり受信したりできます**【図1-15】**。

図1-15 Webメールのしくみ

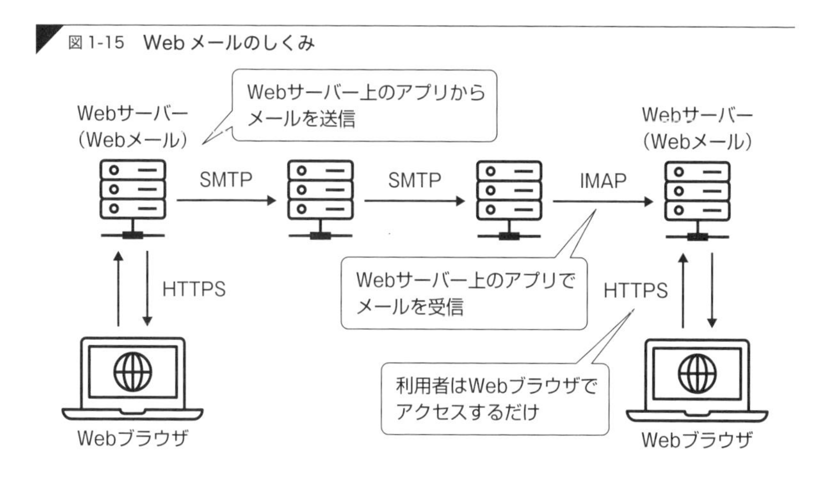

Webメールでは、メールをサーバー側で管理するため、メールソフトでIMAPを使って複数の端末でメールを閲覧できるのと同じように、どの端末からでもメールの閲覧や送受信が可能です。

また、メールの送受信以外にも、さまざまなサービスを提供しており、便利に使えます。

たとえば、Webメールの代表的なサービスとしてGoogleが提供しているGmailがあります。Gmailのアカウントを作成すると、Webメールの機能だけを使うこともできますが、連絡先（アドレス帳）やカレンダー、チャット、文書作成、表計算、プレゼンテーション、動画閲覧など便利な機能を1つのアカウントで利用できます。

■ メール送信と受信の全体像

ここまでに解説したソフトウェアやプロトコルを使ってメールを送受信する操作や流れを整理すると、メールを作成してから相手が開くまでは次のように構成されます。

1. 送信者がメールソフトでメールを作成する。
2. 送信者がメールソフトの送信ボタンを押すと、メールソフトが送信者の契約しているメールサーバーに接続し、メールを送信する。
3. メールを受け取ったメールサーバーは、受信者の契約しているメールサーバーまで転送する。
4. 受信者の契約しているメールサーバーは受け取ったメールを受信者のメールボックスに保存する。
5. 受信者がメールソフトでメールを受信する操作をする。
6. 受信者のメールソフトが受信者の契約しているメールサーバーに接続し、新しいメールの有無を確認する。
7. メールが届いていた場合、メールサーバーから受信したメールがメールソフトの受信トレイに保存される。
8. 受信者は受信トレイを開いてメールを閲覧する。

ここでポイントになるのは、3 のステップです。メールを受け取ったメールサーバーが、受信者の契約しているメールサーバーの場合はそのサーバー内にメールを保存すれば 4 のステップと同じですが、そうでない場合は次のメールサーバーに転送します。

このとき、どのように次のメールサーバーを決めればいいのでしょうか？

基本的には DNS（Domain Name System）というしくみを使って次のメールサーバーを調べます。DNS によってメールアドレスの「@」より右の部分から対象のサーバーの場所を調べて、そのメールサーバーに転送します。DNS については p.54 の 1-5 節や第 3 章で解説します。

1－3

メールの宛先、差出人、件名、本文を指定する

使えるのはこんな人や場面！

- メールの「宛先」を指定するとき
- To と Cc、Bcc を用途に応じて使い分けたい方
- 差出人の名前とメールアドレスを設定したいとき
- メールの引用や署名の書き方を知りたい方

■ メールの「宛先」を指定する「To」

メールが配送されるしくみがわかったところで、実際にメールを送信してみます。

まずは単純なメールを作成する場面を考えてみましょう。一般的なメールソフトでメールを作成する画面を見ると、「宛先」「差出人」「件名」「本文」の4つの要素が必要だとわかります**【図 1-16】**。

図 1-16　Gmail におけるメール作成画面

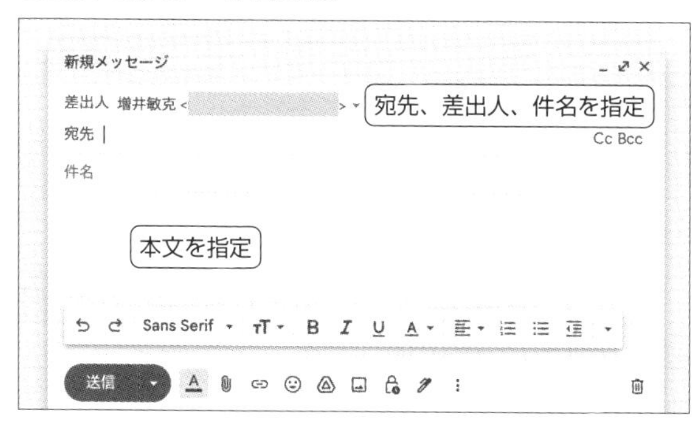

ここでは「宛先」の指定について考えます。宛先には、メールを受け取る相手のメールアドレスを指定します。一般的なメールソフトでは、宛先を指定する場所（フィールド）として「To」「Cc」「Bcc」という３つの入力欄があります。

図 1-16 の Gmail では宛先の欄にある「Cc」や「Bcc」というボタンを押すと、これらの入力欄が表示されます。

To は宛先の意味で、メールで連絡したい内容を主に届けたい相手を指定するための入力欄で、受信者のメールアドレスを指定します。複数の人に届けたい場合は、複数のメールアドレスを指定することもでき、このときはコンマやセミコロンで区切ります。

たとえば、次のように記述します。

相手が１人のとき

```
To: taro@example.com
```

相手が複数人のとき（コンマを使った例）

```
To: taro@example.com, hanako@example.com
```

相手が複数人のとき（セミコロンを使った例）

```
To: taro@example.com; hanako@example.com
```

なお、メールアドレスだけでは誰に送ったのか直感的にわかりにくいため、その名前を併記する方法がよく使われています。この場合は、メールアドレスを「<」と「>」で囲み、その前に名前を記述します。

名前を併記する場合

```
To: 山田太郎 <taro@example.com>
```

メールの宛先欄にメールアドレスを直接入力するよりも、メールソフトに備わっている連絡先（アドレス帳）の機能を使って選択することで手間が省けるとともに、メールアドレスの入力ミスを減らすことにつながります。アドレス帳を作成する際に、メールアドレスだけでなく名前を入力しておくと、前ページの「名前を併記する場合」のように名前を併記して宛先欄にセットされます。

併記したときに、メールアドレスの部分を表示せず名前だけを表示するメールソフトもありますが、その裏側ではメールアドレスが名前とともに宛先として指定されています。

■ 同報する相手を指定する「Cc」と「Bcc」

1つのメールを複数の相手に送信するのであれば、Toに並べる方法もありますが、本来の宛先以外の人にも参考情報として送信したいときがあります。

このような場合に、受信者のメールアドレスを指定するための入力欄が「Cc」です。**Carbon Copyの略で、「複写」を意味します。**

ここには本来の宛先以外で同じメールを受け取る相手のメールアドレスを指定します。Toと同様に、Ccにも複数のメールアドレスを指定できます。たとえば、次のようにToとともに指定します。

ToとCcを1つずつ指定する方法

```
To: taro@example.com
Cc: hanako@example.com
```

ToとCcを2つずつ指定する方法

```
To: taro@example.com; jiro@example.com
Cc: hanako@example.com; saburo@example.com
```

Ccに指定したアドレスにも、Toに指定したときと同じようにメールが送信されます。このようにToやCcを使うと、複数の人に同じメールを同時に送信できます。

ToやCcに指定されたメールアドレスはいずれの受信者のメールソフトでもすべて表示されます。つまり、そのメールが誰に送信されているのかをすべての受信者が確認できます。

これは社内でのメールの送受信であれば問題ありませんが、たとえば企業が自社の顧客に対して広告メールを送信した場合に、受信者が他の受信者のメールアドレスを閲覧できると問題になります。メールアドレスを見知らぬ相手に公開したくない人もいるため、1つのメールでToやCcに指定すると問題になるのです。

ToやCcで他の受信者のメールアドレスが知られてしまうことを防ぐために、メールを1通ずつ送信する方法もありますが、手間がかかります。そこで、メールには「Bcc」という方法が用意されています。

BccはBlind Carbon Copyの略で、Bccで指定されたメールアドレスには、メールは送信されますが、他の受信者にはそのメールアドレスが表示されません。たとえば、次のように記述してメールを送信したときの受信者側での表示を考えます。

ToとCc、Bccを指定する方法

```
To: taro@example.com
Cc: hanako@example.com
Bcc: info@masuipeo.com
```

このとき、いずれの受信者でも受信したメールの見た目は次のようになり、Bccに指定したメールアドレスは表示されていないことがわかります。

受信者の受信トレイ上の表示

```
To: taro@example.com
Cc: hanako@example.com
```

個人が1対1でメールを送受信するときは、Toだけを使えば問題ありません。しかし、企業などの組織でメールを送受信する場合は、その用途に応じてこれらの指定を使い分ける必要があります。

人によっては、「To に指定されたメールは返信するが Cc に指定されていれば返信しない」というだけでなく、「Cc に指定されたメールは見ない」という人もいるため、相手によって使い分けることが必要なこともあります。

たとえば、**表 1-5** のような用途に応じた使い分けが考えられます。

表 1-5　宛先指定の種類

指定	用途
To	主要な受信者を指定してメールをやり取りする
Cc	受信者の上司などを指定して情報を共有する
Bcc	顧客などを指定して情報を提供する

■ 差出人を示す「From」

メールの送信者を**差出人**といい、そのアドレスを「From」という項目で指定します。多くのメールソフトでは、送信元のアドレスを初期設定の段階で指定すると、メールを作成するときに差出人として設定されます。

差出人のメールアドレスを設定する

```
From: taro@example.com
```

差出人のメールアドレスだけでなく、差出人の名前とメールアドレスを組み合わせたものが書かれていることもあります。この場合はメールアドレスを「<」と「>」で囲み、その前に名前（表示名）を記述します。

差出人の名前を併記する

```
From: 山田太郎 <taro@example.com>
```

■ タイトルの役割を持つ「Subject:」

メールの件名は、タイトルの役割を持つ要素なので、送信者と受信者の間でわかりやすいものであれば、自由に入力して構いません。

ただし、メールソフトによっては、件名を入力せずに送信しようとすると警告メッセージを表示するものもあります。また、同じ件名で多くのメールのやり取りをしていると、あとでメールを検索しようと思っても目的のメールを探し出すのに時間がかかります。改行は含められませんし、あまりにも長いものは読むのが大変ですので、わかりやすい名前をつけましょう。

本文の内容を一言で伝えられるように要約した内容を指定するとよいでしょう。件名は「Subject:」という項目で送信されます。

件名の例
Subject: A社様8月度打ち合わせの件

件名の先頭には「Re:」や「Fw:」といった文字がつくことがあります。これらの特徴について知っておきましょう。

「Re:」は、受け取ったメールに返信するときに、メールソフトによって自動的に付加されます。この「Re」の由来としてReturnやReply、Responseなどさまざまな説がありますが、ラテン語が語源だといわれています。いずれにせよ、受け取ったメールの件名の前に「Re:」がついていると、返信メールであることを示しています。

たとえば、最初に上記のメールを送信したとします。このメールの受信者が返信すると、その件名は次のようになります。

返信されたメール
Subject: Re: A社様8月度打ち合わせの件

なお、このように「Re:」がついた返信メールにさらに返信するときは、追加で「Re:」を付加しないメールソフトが一般的です。ただし、メールソフトによってはいくつも付与することがあり、この場合は多くの「Re:」が件名に続くこともあります。

メールソフトはこの「Re:」によって、そのメールがどのメールへの返信だと判断しているわけではなく、メールごとに付与されたIDによって判断しています。このため、件名を書き換えても、どのメールへの返信なのかは判断できます。

memo

メールを新しく送信するときに、メールソフトの新規作成ボタンを使わずに、過去に届いたメールに返信し、件名や本文をすべて削除して新しいメールのように見せる人がいます。
これは、メールそのものの見た目上は新しいメールのように見えますが、実際に送信されるメールには元のメールのIDが記載されていますので、メールソフトによっては返信と表示されます。新しくメールを作成するときには新規作成ボタンから作成してください。

受け取ったメールを第三者に転送すると、メールソフトによって自動的に「Fw:」が付加されます。このときも元のメールのIDを保持しており、タイトルを変えてもどのメールの転送であるかを判断できます。「Fw」はForwardの略だとされており、受け取ったメールの件名の前に「Fw:」が付け加えられていると、転送メールであることを示しています。たとえば、p.36の「件名の例」で挙げたメールを転送すると、その件名は次のようになります。

最初に送信されたメールを転送したとき
Subject: Fw: A社様8月度打ち合わせの件

この「Re」と「Fw」については、上記のような特殊な意味があるため、メールを送信するときの件名として使用する場合は注意が必要です。返信でないにも関わらず「Re: 」で始まる件名を使用したり、転送でないにも関わらず「Fw: 」で始まる件名を使用したりすると、誤解を招く可能性がありますので、適切な件名を使用してください。

■ 本文と署名のルール

本文については自由に記述して構いません。しかし、**電子メールのフォーマットを定めているRFC 5322では、1行の長さは「CRLFを除いて、各行は998文字を超えてはならず（MUST）、78文字を超えるべきではない（SHOULD）」と書かれています**。

この「CRLF」※4というのは改行文字のことです。このルールを満たすため、改行せずに長い文章を書くと、利用者が設定した文字数を上限として自動的に改行するメールソフトが多いものです。

この文字数は日本語の字数ではなく、アルファベットを基準とした長さです。詳しくは第4章で解説しますが、日本語で書いたメールは文字をアルファベットに変換して送信されます。ひらがなやカタカナ、漢字の1文字がアルファベットの2文字に変換されると考えると、日本語の文章は35文字程度で改行したほうがよいといわれています。

なお、受信したメールに返信するとき、多くのメールソフトでは元のメールの本文を引用するしくみが用意されています。先頭に「>」という記号をつけることで、どこが引用なのかをわかるようにする方法です。

引用のマークの例
いつもお世話になっております。 以下、インラインで回答いたします。 > 質問1：○○○○○○○○○○○○？ □□□□□□□□□□□□□□□□□□□□□□ > 質問2：○○○○○○○○○○○○？ □□□□□□□□□□□□□□□□□□□□□□ よろしくお願いします。

※4 CRはキャリッジリターン（行頭復帰）、LFはラインフィード（改行）を意味する。

このメールに返信すると、引用部分にはさらに「>」という記号が追加されます。このため、何度も返信を繰り返すと、行頭に「>」という文字が繰り返されます。1行を35文字ほどで改行していると、数回のやり取りを繰り返したときに最後だけ中途半端に改行されて読みにくくなる可能性がありますので、本文中への引用を繰り返すことは最低限にするとよいでしょう。

memo

前ページの「引用のマークの例」のように、ビジネスメールでは、「インラインで回答いたします」や「インラインで失礼します」といった表現がよく使われます。これは、相手からの質問などの文章を引用し、その引用部分の間に回答を挟んで本文として書くことを意味しています。

本文の最後には、誰がそのメールを書いたのかを示す署名を入れることが一般的です。ただのテキストであるため、それだけで本人が書いたと証明することはできませんが、メールの送信者がメールを送信したことを示すために使われます。一般的に、署名には、会社名や名前、メールアドレスなどを記載します。

署名は自由な形式で書いても構いませんが、テキスト形式のメールの形式を規定するRFC 3676では、Usenet※5で使われていた慣習として「-- 」(ハイフン2つと空白)で本文と区切る書式が紹介されています。これは、次のように本文と署名を区切り、メールの最後に記述する方法です。

署名の例

```
本文

--
名前
会社名
メールアドレス
```

※5 ネットニュースの原型ともいわれる、初期の情報交換システムの1つ。

1-4

通信相手を識別する

使えるのはこんな人や場面！

- インターネット上でIPアドレスを使う理由を知りたい方
- グローバルIPアドレスとローカルIPアドレスの違いについて知りたい方
- IPv4とIPv6の違いについて知りたい方
- ドメイン名から対応するIPアドレスを調べたいとき
- ポート番号の役割を知りたい方

■ IPアドレスの構成

メールアドレスを指定して相手にメールを送信できることを解説しましたが、このメールアドレスに書かれているドメイン名はただの文字の並びです。このため、ドメイン名を見ても、そのドメインがインターネット上のどこにあるのかはわかりません。

つまり、住所から場所（緯度や経度のようなもの）を特定するように、ドメイン名からサーバーが置かれている場所を調べる必要があります。インターネット上では、コンピュータの場所を特定するために**IPアドレス**が使われます。

memo

IPアドレスがわかっても、そのコンピュータが置かれている物理的な場所がわかるわけではありません。しかし、ネットワーク上ではそのコンピュータまで瞬時にアクセスできます。

IP アドレスはインターネット上で通信するコンピュータを識別するための番号のことで、**インターネットに接続するすべてのコンピュータには IP アドレスが重複しないように割り当てられています**。これにより、双方のコンピュータを一意に識別できるようになっています【図 1-17】。

図 1-17 IP アドレスの役割

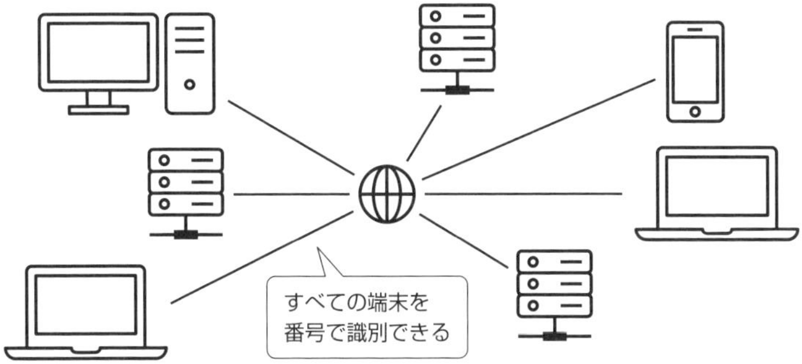

memo

1 台のコンピュータに有線 LAN と無線 LAN など、複数のネットワークアダプタが接続されている場合は、それぞれに IP アドレスが付与されます。このため、1 つのコンピュータに複数の IP アドレスが割り当てられていることもあります。しかし、IP アドレスが特定できれば、そのコンピュータを識別することはできます。

IP アドレスとして、「192.168.1.1」のようにピリオド（ドット）で区切られた 4 つの数の並びを見たことがある人は多いでしょう。**これは IPv4 というバージョンの IP アドレスで、実際は 2 進数で 32 桁の値です。**

しかし、0 と 1 の並びだと人間には読みにくいので、32 桁の 0 と 1 の並びを 8 桁ずつ区切って、それを 10 進数に変換し、ピリオドで区切って表現しています【図 1-18】。

図 1-18　IPv4 の IP アドレス

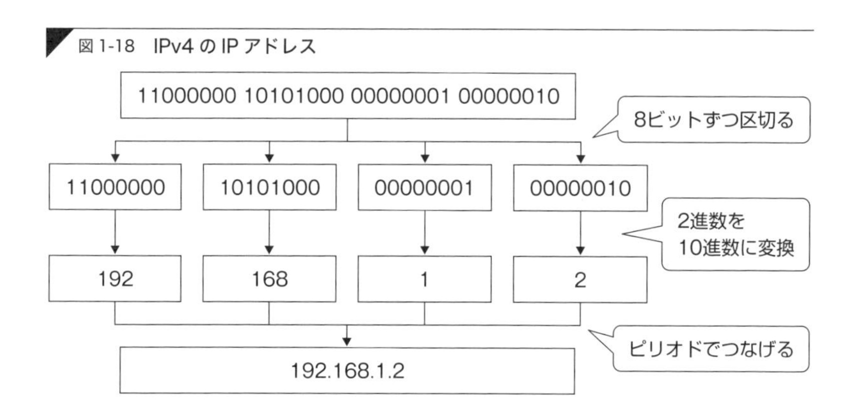

2 進数の 1 桁では「0」と「1」という 2 種類の値を、2 桁では「00」「01」「10」「11」という 4 種類の値を識別できます。つまり、32 桁では、約 43 億種類の値を識別できます。

大きな値に思えるかもしれませんが、現在の地球の人口は 80 億人を超えています。1 人でパソコンやスマートフォン、タブレット端末などを使い分け、さらに自宅と会社のパソコンを使い分ける、という時代になり、それぞれに IP アドレスが必要になると、43 億では不足するようになりました。

これは、インターネットに接続するコンピュータに一意の IP アドレスを付与できなくなったことを意味します。この問題に対応するために、会社内や自宅内では内部用の IP アドレスとして**ローカル IP アドレス**を使い、インターネット上で使う**グローバル IP アドレス**と区別することにしました。

つまり、すべてのコンピュータに一意の IP アドレスを付与するのではなく、組織ごとに代表となる IP アドレスを付与し、組織内ではそれを使いまわすのです。

ローカル IP アドレスは内部用なので、その組織内で重複しなければ問題ありません。一方のグローバル IP アドレスはインターネット上で一意に識別できるものを付与する必要があります。

そこで、ルーターと呼ばれる機器でローカル IP アドレスとグローバル IP アドレスを変換します。ルーターに対してグローバル IP アドレスを 1 つ割り当て、それに対して複数のローカル IP アドレスを割り当てることで、IPv4 の IP アドレスの不足に対応する方法が使われています**【図 1-19】**。

図 1-19 ローカル IP アドレスとグローバル IP アドレスの変換

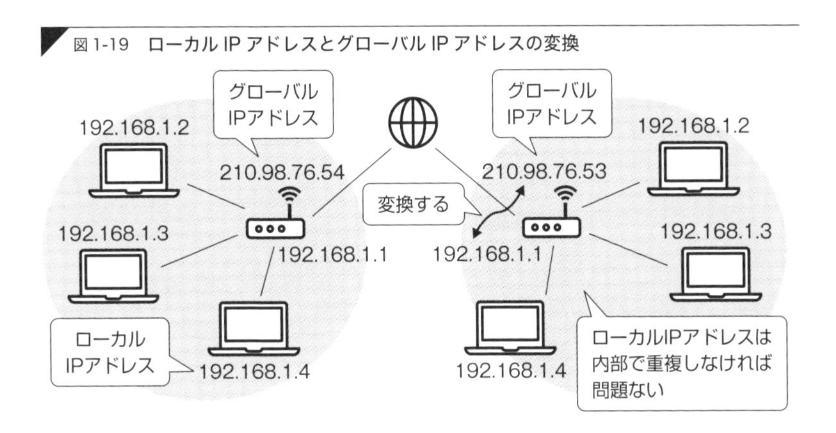

これにより、インターネット上で相手を識別するために必要なグローバル IP アドレスの数は減らせますが、利用者・利用端末の数が増え続けることに変わりはありません。

■ IPv6 の登場

そこで、**2 進数で 128 桁の値を用いる IPv6 というバージョンの IP アドレスが使われ始めています**。1 桁増えると 2 倍になるので、膨大な数の端末を識別できるようになり、当面は枯渇しないといわれています。

IPv4 では 8 桁ずつ 4 個に分けて 10 進数に変換し、ピリオドで区切って表現しましたが、IPv6 では 16 桁ずつ 8 個に分けて 16 進数に変換し、コロンで区切って表現します。

連続する「0」は 1 回に限り省略可能であるなどの違いがありますが、IPv4 のときと変換の考え方は同じです**【図 1-20】**。

図 1-20　IPv6 の IP アドレス

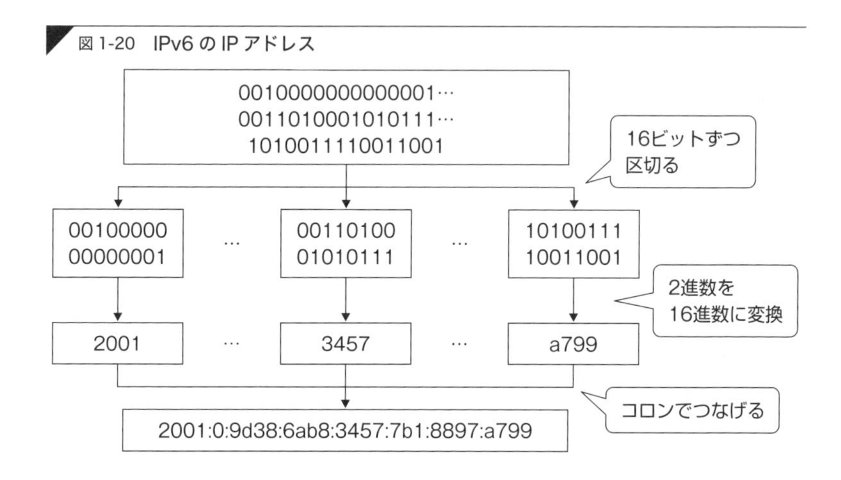

この IPv6 アドレスの使用により、膨大な数の端末があっても重複することなく IP アドレスを付与できるようになりました。

現在は多くの端末で IPv4 と IPv6 のアドレスが両方とも設定されています。自分のコンピュータでどのような IP アドレスが設定されているか、確認してみてください **【図 1-21】**。

図 1-21　Windows 11 における IP アドレスの確認

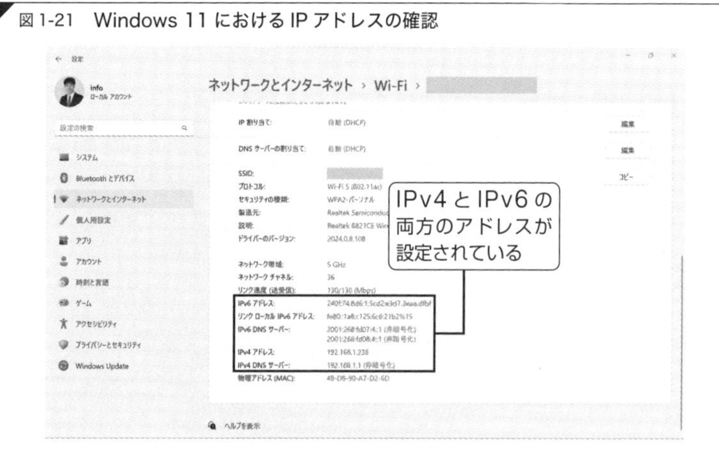

■ ドメイン名とIPアドレスを対応づける

IPアドレスで通信できることがわかったところで、**メールの送信について考えてみましょう。送信するにはメールアドレスのドメイン名からそのドメインを管理しているメールサーバーのIPアドレスへの変換が必要です**。つまり、「abc@shoeisha.co.jp」というメールアドレスにメールを送信するには、「shoeisha.co.jp」というドメイン名に対応するメールサーバーのIPアドレスが必要です。

実際には、1つのドメインに複数のサーバーが存在する可能性があるため、そのサーバーの名前（**ホスト名**）に対応するIPアドレスが欲しいものです**【図1-22】**。

図1-22　ホスト名からIPアドレスの取得が必要

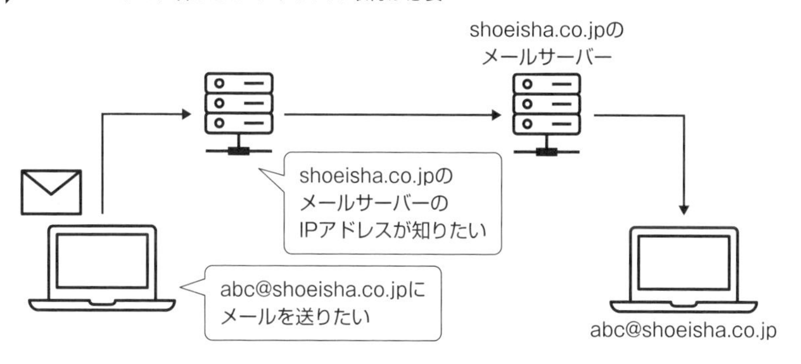
shoeisha.co.jpの
メールサーバー
shoeisha.co.jpの
メールサーバーの
IPアドレスが知りたい
abc@shoeisha.co.jpに
メールを送りたい
abc@shoeisha.co.jp

これは、WebブラウザでWebサイトを閲覧するときにWebサーバーにアクセスするときも同じで、「https://www.shoeisha.co.jp」というURLにアクセスするには、「www.shoeisha.co.jp」というWebサーバーのIPアドレスが必要です。

このとき、通信相手のサーバーが自宅や会社内にあるのであれば、IPアドレスを覚えておくこともできるかもしれませんが、世界中からアクセスされるようなサーバーであれば、IPアドレスを覚えてもらうのは大変です。サーバーの性能を上げるために再構築した、プロバイダを変更した、などの理由でコンピュータのIPアドレスを変更した場合には、新しいIPアドレスを知らせる必要があります。

これでは不便なので、外部からアクセスされるサーバーの場合には、ホスト名を伝えておき、入力されたホスト名からIPアドレスを調べられると便利です。電話をかけるときに電話帳で名前から電話番号を調べるように、ホスト名からIPアドレスを調べられれば、IPアドレスを知らなくてもホスト名さえ知っていれば相手と通信できます。もしIPアドレスが変更になった場合も、ホスト名からIPアドレスに変換する部分を変更すれば、利用者に影響はありません。

このように、ホスト名からIPアドレスを探すことを**名前解決**といいます。このとき、すべてのホスト名とIPアドレスを対応づけた電話帳のような表を用意する方法もあるでしょう。

表1-6　ホスト名とIPアドレスの対応表

ホスト名	IPアドレス
www.shoeisha.co.jp	114.31.94.139
www.seshop.com	114.31.94.148
www.masuipeo.com	162.43.116.155
…	…

表1-6のような対応表をパソコンの中に用意して、Webサイトの閲覧などに使う方法として「hostsファイル」があります。たとえば、Windowsでは「C:¥Windows¥System32¥drivers¥etc¥hosts」というファイルにIPアドレスとホスト名を対応づけて記述すると、そのホスト名でアクセスできます**【図1-23】**。

図1-23 hostsファイルの例

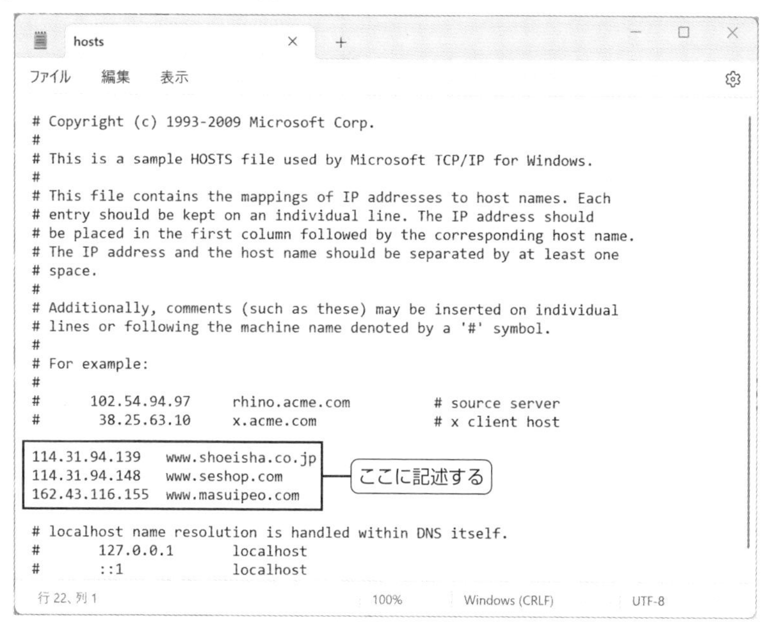

macOSやLinuxの場合にも「/etc/hosts」というファイルが用意されており、このファイルに指定すると同じように動作します。

このホスト名の部分には自由な値を指定でき、ここで指定した名前をホスト名としてアクセスできます。社内で使うのであれば、このファイルにサーバーのIPアドレスとホスト名を指定しておくと、利用者は短いホスト名でアクセスできて便利です。個人が家庭内でサーバーを構築して使うときも、IPアドレスを覚える必要がなく便利です。

しかし、インターネット全体のホスト名とIPアドレスの対応を管理することを考えると、世の中には膨大な量のホスト名があります。これを1つのファイルで管理するのは大変です。更新があったときは、利用者がそれを自分で登録するか、どこかで公開したものをダウンロードして使わなければなりません。社内や家庭内であれば十分かもしれませんが、インターネットでこの方法を使うのは現実的ではありません。

そこで、このホスト名とIPアドレスの対応表を分散して管理する方法が考えられました。しかも単純に分散するだけではなく、ドメイン名やホスト名を階層化し、担当する範囲以外は他に委任するのです。

大きな会社のような組織では、「本部」の下に「部」があり、その「部」の下に「課」があるような階層構造になっています。社長がすべてを管理することは難しいため、社長は本部長に権限の一部を任せています。そして、本部長もその配下の部長に権限の一部を任せており、部長も配下の課長に権限の一部を任せています**【図 1-24】**。

図 1-24　階層的な管理

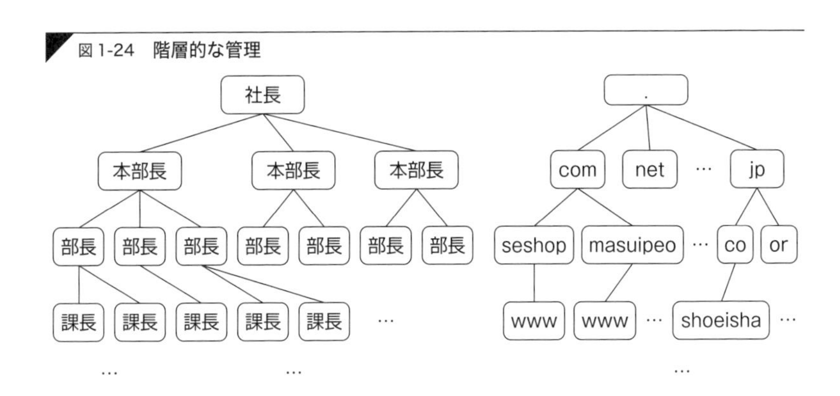

このように階層化し、他に委任するという考え方は私たちの身の回りでも多く使われています。管理を分散すると管理者の負担を軽減できますし、他に委任することで責任範囲が明確になり、変更があったときの他への影響が少なく、柔軟な対応が可能になります。

ドメインの管理も同様のしくみを採用しており、それぞれが自分の担当範囲を分担して変換しています。ドメインにおけるこのしくみを**DNS**といい、DNSを提供するサーバーを**DNSサーバー**といいます。

具体的には、「www.example.com」というホスト名に対応するIPアドレスを取得したい場合、**フルサービスリゾルバー**と呼ばれるサーバーに問い合わせます【図1-25①】。このフルサービスリゾルバーは、まず**DNSルートサーバー**というサーバーに問い合わせます【図1-25②】。

すると、「com」のDNSサーバーに聞くように教えられ【図1-25③】、次に「com」のDNSサーバーに問い合わせると【図1-25④】、「example.com」のDNSサーバーに聞くように教えられます【図1-25⑤】。さらに、「example.com」のDNSサーバーに問い合わせると【図1-25⑥】、「www.example.com」のIPアドレスを教えてくれます【図1-25⑦、⑧】。

図1-25 DNSの問い合わせ

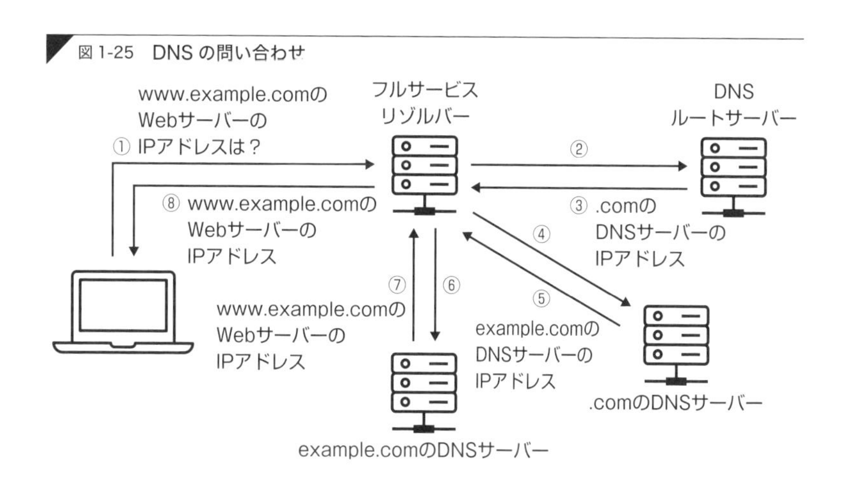

このようなフルサービスリゾルバーからの問い合わせ先のDNSサーバーを**権威DNSサーバー**（**DNSコンテンツサーバー**）と呼びます。複数の権威DNSサーバーで分担することで、新たなドメインが増えても、DNSサーバーを用意し、そのDNSサーバーのIPアドレスをその親となるDNSサーバーに登録するだけで、他に影響を与えることなく対応できます。

ここで、DNSルートサーバーの「ルート」は英語での「root」、つまり「根」を意味します。これは木構造の根幹となるDNSサーバーのことで、12個の独立した組織によって13のDNSルートサーバーが管理されています※6。「A」から「M」までの名前がつけられており、日本では「M」という名前のDNS

※6「Root Server Technical Operations Assn」http://www.root-servers.org

ルートサーバーが管理・運用されています※7。

フルサービスリゾルバーは、このDNSルートサーバーの情報を保持しているため、順に問い合わせることでどんなホスト名でもIPアドレスを調べられます。

ただし、Webサイトを閲覧したり、メールを送信したりするたびに、世界中のすべてのコンピュータがDNSルートサーバーに問い合わせると、相当な負荷がかかることが想定されます。実際にはフルサービスリゾルバーが一度問い合わせた内容を、権威DNSサーバーによって決められた時間だけ保存しておきます。このため、フルサービスリゾルバーは**DNSキャッシュサーバー**とも呼ばれます。

決められた時間内に同じホスト名に対する変換要求があった場合は、フルサービスリゾルバーが他のDNSサーバーに問い合わせる必要はなく、保持していたIPアドレスを返せば済みます。これにより、他のDNSサーバーへの負荷を軽減しています。

memo

キャッシュした値をフルサービスリゾルバーが長期間保持していると、サーバーの移転などでホスト名に対応するIPアドレスが変わっても、問い合わせたときに返される値が変わりません。これは困るため、一般的には1時間から1日程度のキャッシュが使われ、それ以降は再度問い合わせます。キャッシュの期間や運用など、詳しくは第3章で解説します。

自宅のパソコンからプロバイダ経由でインターネットにアクセスしている場合、フルサービスリゾルバーはプロバイダが用意したDNSサーバーであることが一般的です。IPv4では、パソコンのネットワーク設定画面上でDNS設定はルーターのIPアドレスが設定されていたり、自動設定になっていたりします。このとき、家庭用のルーターはプロバイダのDNSサーバーにDNSの要求を転送しているだけです。IPv6ではルーターのIPアドレスではなく、プロバイダのDNSサーバーを直接指定することもあります。

※7「M.ROOT-SERVERS.NET」https://m.root-servers.org

最近では、Google や Cloudflare などが提供している**パブリック DNS サーバー**をフルサービスリゾルバーとして使う人も増えてきました。これらはプロバイダの DNS サーバーよりも高性能なため、通信環境が改善する場合があります。また、企業など自社で DNS サーバーを構築している場合は、DNS サーバーを手動で指定している場合もあります。

ネットワークの設定画面では複数の DNS サーバーを指定できます。これは、最初のフルサービスリゾルバーから応答がなかった場合、次のフルサービスリゾルバーに問い合わせられるようにしています。これにより、フルサービスリゾルバーに障害が発生していても、名前解決ができないトラブルのリスクを抑えられます**【図 1-26】**。

図 1-26　ネットワーク設定画面上の DNS の設定

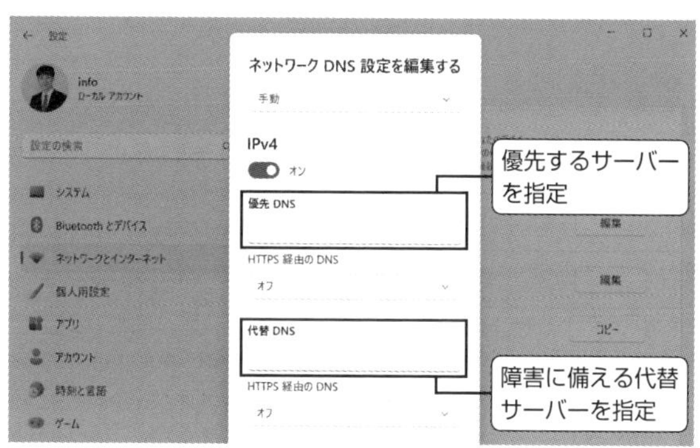

パソコンで解説しましたが、サーバーでも DNS のしくみは同じです。

■ コンピュータで動くサービスを識別するポート番号

宛先のコンピュータは IP アドレスで識別できましたが、そのコンピュータでは複数の種類のサーバーが動作しているかもしれません。メールサーバーだけでなく、Web サーバーやデータベースサーバー、ファイルサーバーなどさまざまなサーバーが 1 つのコンピュータで動作している可能性があるのです。

そこで、IPアドレスだけでなく、相手のプログラムが使っている**ポート番号**と呼ばれる番号を指定する必要があります。ポート番号は、0から65535までの範囲で指定できます。

ただし、**このポート番号はプログラムが通信するために必要な番号なので、他のプログラムと競合することは避けなければなりません**。このため、サーバー側で一般的に使われるポート番号は予約されており、**表1-7**のようなポート番号を**ウェルノウンポート**といいます。メールでは、「25」や「110」、「143」、「465」「587」、「993」、「995」あたりのポート番号を使います。

表1-7　ウェルノウンポートの例

ポート番号	サービス内容
20	FTP（データ）
21	FTP（制御）
22	SSH
23	Telnet
25	SMTP
53	DNS
80	HTTP
110	POP3
143	IMAP
443	HTTPS
465	SMTP over SSL/TLS（現在は非推奨）
587	サブミッションポート（メール送信）
993	IMAP over SSL/TLS
995	POP over SSL/TLS

独自のプログラムを作成する場合には、上記のような予約済みのポート番号を避け、一般的には1024以上の番号を使います。

ネットワークを経由してデータをやり取りするときは、送信先のIPアドレスだけでなく送信元のIPアドレスも必要です。データを送られたコンピュータは、送り元に対してデータを送り返すからです。そして、コンピュータを識別するだけでなく、相手のプログラムを識別するためには送信先のポート番号だけでなく、送信元のポート番号も必要です。

実際に使われているIPアドレス・ポート番号を確認するには、「netstat」というコマンドを実行します。Windowsであればコマンドプロンプトや PowerShellを、macOSの場合はターミナルを起動し、次のように実行します **【図1-27】**。

Windowsの場合

```
C:\>netstat -a
```

macOSの場合

```
$ netstat -a
```

図1-27　netstatの実行結果

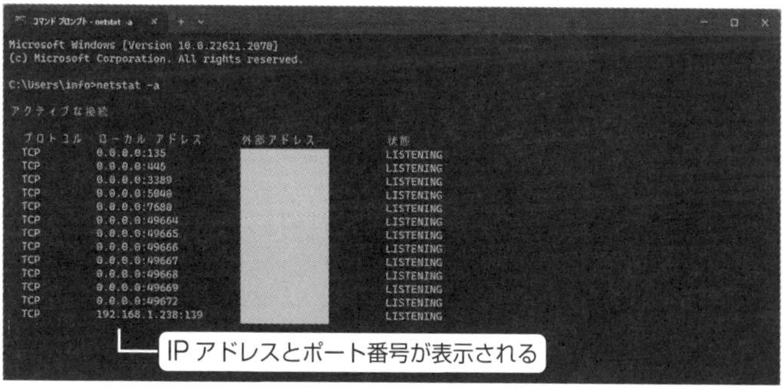

IPアドレスとポート番号が表示される

これを見ると、現在通信しているポート番号や相手先のIPアドレス、待受中の状況などがわかります。ぜひご自身のパソコンでどのような通信が行われているのかを確認してみてください。

1－5

プロバイダに合わせたメールの環境設定

使えるのはこんな人や場面！

- メールソフトを設定するとき
- プロバイダを経由してメールを送信するとき
- メールの送信設定でユーザー名とパスワードの必要性を知りたい方

■ プロバイダからのメール受信設定

DNS でメールサーバーが相手のメールサーバーを探すところは解説しましたが、私たちが普段から使っているメールソフトは、このような「相手のメールサーバーを探す機能」を備えていません。つまり、メールソフトで送信ボタンを押したときに受け付けてくれるメールサーバーを事前に決めておく必要があります。

一般的に、メールを送信するときは自分が契約している SMTP サーバーに送信します。また、メールを受信するときは、自分が契約している POP サーバーや IMAP サーバーに接続して受信します。

自分が契約しているメールサーバーは決まっていますので、メールソフトの設定画面で登録します。プロバイダの場合は、契約時に提供された資料に書かれているメールサーバーのホスト名や IP アドレス、ポート番号、ユーザー名、パスワードなどを指定します。

このときに、送信用のメールサーバー（SMTP）と受信用のメールサーバー（POP または IMAP）の両方を設定します。ここでは、一般的なプロバイダにおけるメールの設定について解説します。

プロバイダからメールを受信するには、メールサーバー内の自分のメールボックスにアクセスするために、次の情報が必要です。

- メールサーバーのホスト名
- メールサーバーのポート番号
- メールアカウントのユーザー名
- メールアカウントのパスワード
- メール受信プロトコル（POPまたはIMAP）

これらの情報は、プロバイダと契約したときの資料に書いてあります。プロバイダではなくレンタルサーバーなどを使用する場合には、管理画面に記載されています。ここでは、Thunderbirdというメールソフトの設定画面を使って解説します**【図1-28】**。

図1-28　Thunderbirdにおけるメール受信設定

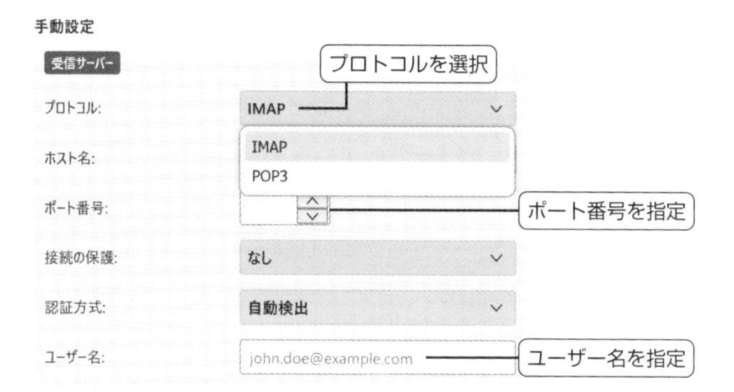

まずはプロトコルとしてPOPなのかIMAPなのかを選択します。ポート番号は、ここで選択したプロトコルや、下の「接続の保護」における暗号化の有無によって変わります。これらはプロバイダと契約したときの資料に記載されている通りに設定します。

認証方式については多くの場合、自動検出で問題ないでしょう。そして、ユーザー名とパスワードを設定して保存します。この設定のあとに、他のメールアドレスからこのメールアドレスにメールを送信し、メールソフトで受信できれば受信の設定は完了です。

■ プロバイダからメールを送信する設定

プロバイダのメールサーバーを使ってメールを送信するときも同様です。**メールを送信するには、SMTP というプロトコルを使用しますが、この設定には次の情報が必要です。**

- メールサーバーのホスト名
- メールサーバーのポート番号
- メールアカウントのユーザー名
- メールアカウントのパスワード

これらの情報も、プロバイダとの契約時の資料に書かれています。これらをメールソフトに入力すると、メールソフトが、プロバイダのメールサーバーに接続し、メールを送信できます。たとえば、Thunderbird でメールの送信を設定する画面では、**図 1-29** のような入力欄があります。

図 1-29　Thunderbird におけるメール送信設定

そして、パスワードが必要であればパスワードの入力を求められます。これらの内容を設定して保存します。この設定のあとに、他のメールアドレスに対

して、このメールアドレスからメールを送信し、宛先のメールソフトで受信できれば送信設定も完了です。

ここで、ユーザー名やパスワードを入力することに疑問を持った人がいるかもしれません。SMTPというプロトコルはメールサーバー間でのメールの転送にも使われていることを解説しました。つまり、メールを転送するときは、ユーザー名やパスワードは使わず、相手のメールサーバーのホスト名とポート番号がわかれば送信できます。

実際、**SMTPというプロトコルで通信するだけであれば、ユーザー名やパスワードは必要ありません。**名前の通り「シンプルにメールを転送するプロトコル」であり、送信者のメールアドレスと受信者のメールアドレス、そして件名や内容が書かれていれば転送できるのです。

この背景には、SMTPというプロトコルが作られた時代があります。SMTPはインターネットが登場する前から使われており、当初は悪意を持って使うことは想定されていませんでした。

しかし、インターネットの利用者数が増えるにつれて、悪意を持ってメールを送信する人が増えてきました。相手のメールアドレスがわかればユーザー名もパスワードも不要で送信できるため、宣伝などのメールが大量に配信され、迷惑メール（スパムメール）として扱われるようになったのです。相手のメールアドレスがわからなくても、ランダムにメールを送信してもそれほど費用がかからないため、大量のメールが送信され、メールの通信の大部分を迷惑メールが占めるようになってしまったのです。

総務省による「電気通信事業者10社の全受信メール数と迷惑メール数の割合（2023年3月時点）」によると、2009年頃は迷惑メールが約70%を占めていました。2023年現在は40%程度にまで下がっているとされています※8。

これを実現できたのは、迷惑メールの送信を防ぐための対策がいくつも考えられたことが背景にあります。これらについて詳しくは第5章で解説します。

※8 https://www.soumu.go.jp/main_content/000693529.pdf

Exercises 練習問題

Q1 電子メールの送信に一般的に使われているプロトコルはどれか。

A）HTTP　B）SMTP　C）FTP　D）POP

Q2 Cc と Bcc の違いとして正しいものはどれか。

A）Cc は添付ファイルを指し、Bcc は差出人を指す

B）Cc はカーボンコピーを差し、Bcc はブラインドカーボンコピーを指す

C）Cc は返信を意味し、Bcc は転送を意味する

D）Cc でも Bcc でも違いはない

Q3 POP と IMAP の違いとして正しいものはどれか。

A）POP はクライアント側で、IMAP はサーバー側でメールを管理する

B）POP は新しいプロトコルで、IMAP は古いプロトコルである

C）POP はメールの送信に、IMAP は受信に使われるプロトコルである

D）POP と IMAP でできることは同じである

Q4 ドメイン名についての記述のうち、正しいものはどれか。

A）すべての IP アドレスにはドメイン名が対応している

B）ドメイン名は企業でないと取得できない

C）プロバイダと契約するとドメインが自動的に付与される

D）1 つのドメイン名には複数のサブドメインを設定できる

正解）Q1：B、Q2：B、Q3：A、Q4：D

第2章

送受信に使われるプロトコル

第1章では、メールの送信にSMTP、受信にPOPやIMAPというプロトコルが使われることを紹介しました。これらのプロトコルで定められている内容を知るとともに、メールソフトがどのような手順でメールサーバーとやり取りしているのかを確認しましょう。

2-1

SMTPの通信

使えるのはこんな人や場面！

- メールソフトの裏側でのやり取りを知りたい方
- SMTPサーバーからの応答コードの意味を知りたい方
- メールソフトを使わずにコマンドを入力して送信するとき

■ メールの構造

郵便で手紙を送るとき、私たちは手紙を封筒に入れてポストに投函します。

配達員は手紙の中身を見るのではなく、封筒に書かれた宛先や差出人を見て配送します。これと同じように、**メールの送信において封筒に該当するものをエンベロープといい、SMTPが使うのはエンベロープの情報です**【図2-1】。

図2-1　エンベロープ

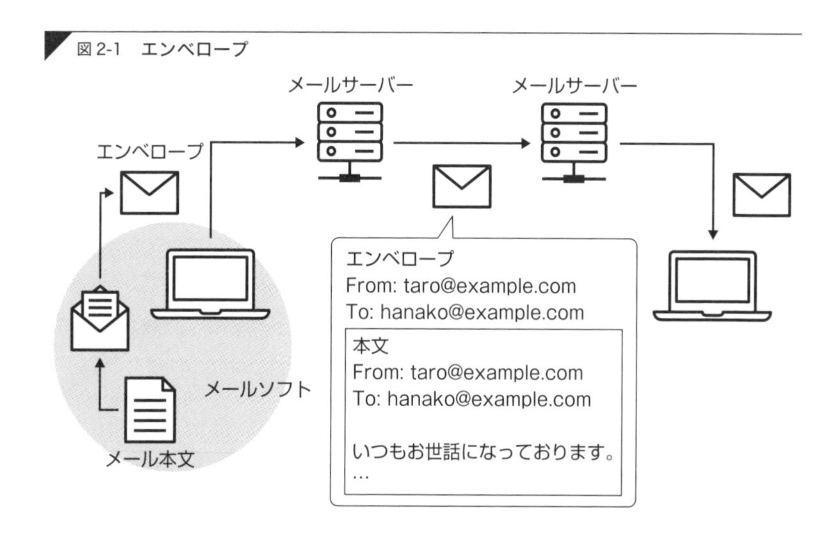

つまり、SMTPではメールの本文部分に書かれている送信者や受信者のメールアドレスを使うのではなく、エンベロープに書かれている送信者や受信者のメールアドレスを使って配送します。このとき、エンベロープに書かれている送信者を**エンベロープ From**、受信者を**エンベロープ To**といいます。エンベロープ From は本文の From と一致しなくても構いません。また、エンベロープ To も本文の To と異なる場合があります。

エンベロープ From は、メールを届ける相手が存在しない場合などにエラーメールを配送するメールアドレスが指定され、**Return-Path** と書かれることもあります。

エンベロープ To は、メールを届ける相手に該当するもので、To や Cc などのメールアドレスとは別に、メールを届ける相手のメールアドレスが指定されます。一般的には、To や Cc の値が使われ、Bcc で宛先を指定した場合には、エンベロープ To に Bcc のアドレスを 1 つずつ指定して送信します**【図 2-2】**。

図 2-2　Bcc を指定したときのエンベロープの設定

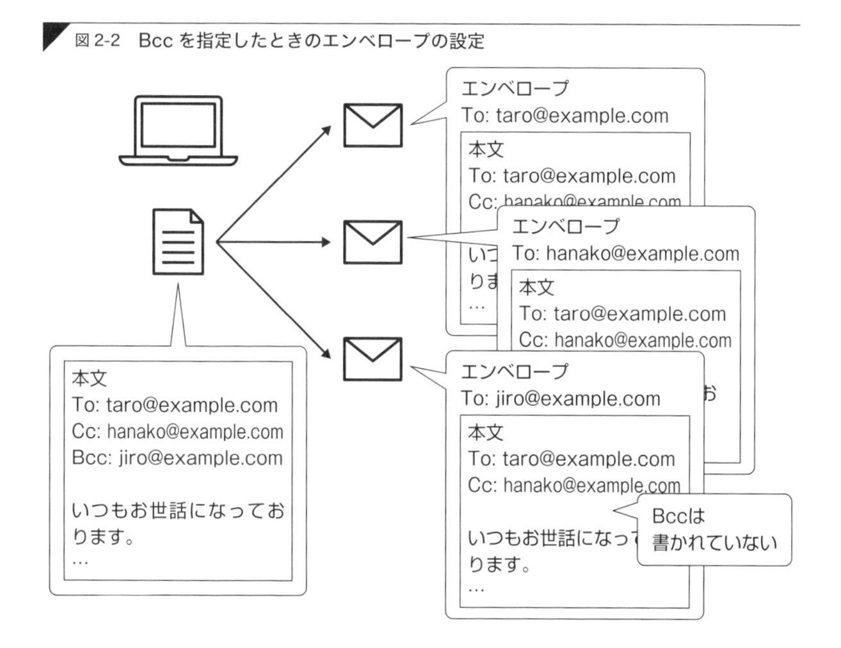

このように、本文のToやCc、Bccとエンベロープ Toが分かれていることで、Bccで送信する宛先をエンベロープ Toのみに設定し、第1章で解説したようなBccの設定を実現できています。

メールを送信すると、宛先や件名、本文などの利用者が指定した内容以外にも、さまざまな情報がメールソフトやメールサーバーによって付加されます。このように、本文の前に付加される部分を**メールヘッダー**といいます。

メールヘッダーには、メールの送信日時やメールのID、経由したメールサーバーなどの情報が書かれています。多くのメールソフトはメールヘッダーを表示できる機能を備えていますので、書かれている内容を確認できます。

たとえば、Gmailではメールを開いた状態で「⋮」から「メッセージのソースを表示」を選択するとメールヘッダーを表示できます**【図2-3】**。

図2-3　Gmailにおけるメールヘッダーの表示

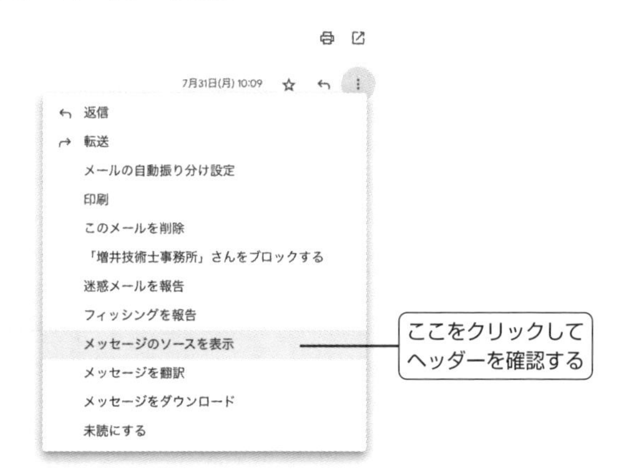

このようにして表示したメールヘッダーを見ると、どのようなメールサーバーを経由してきたのか、などさまざまな情報を確認できます。

このメールヘッダーの内容はRFC 5322で定められたフォーマットを厳格に守らなければなりません。逆に、この規格に従っていれば、どのようなメールソフトやメールサーバーを使っても同じようにメールをやり取りできます。

■ メールの送信、転送に使われるSMTP

SMTPは「Simple Mail Transfer Protocol」という名前の通り、**「シンプルにメールを転送するプロトコル」で、クライアント側からサーバー側に実行してほしい要求を送信すると、それに対する返答が返ってきます**。この要求を**SMTPコマンド**（SMTP commands）、返答を**SMTP応答**（SMTP replies）といいます。

これは、メールサーバーとメールソフトがチャットのようにやり取りしている様子を思い浮かべるとよいでしょう。利用者が作成したメールを送信するためにメールサーバーに接続してSMTPコマンドを送信し、メールサーバーからのSMTP応答を確認しながら、必要なSMTPコマンドを順次送信しています**【図2-4】**。

図2-4 SMTPコマンドとSMTP応答

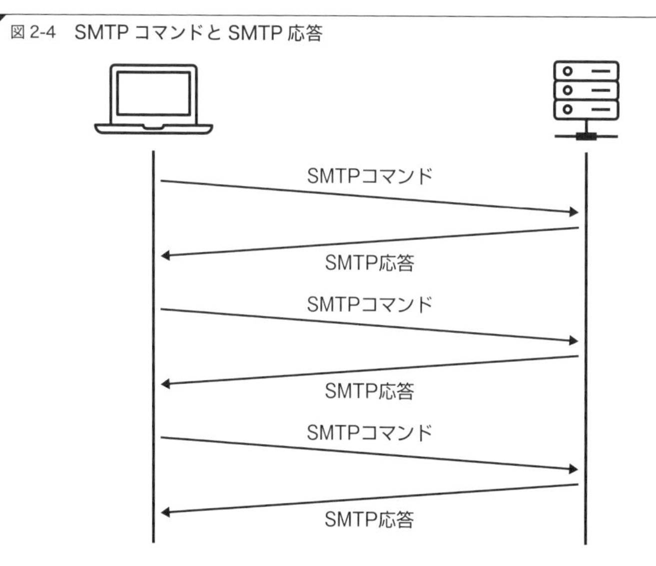

メールソフトとメールサーバーの間で行われているSMTPのやり取りは、**Telnet**というプロトコルを使って確認できます。Telnetで通信するには、

Telnet クライアントと呼ばれるプログラムを使います。Telnet クライアントがインストールされているパソコンで SMTP サーバーに接続するときは、次のように「telnet」に続けて、IP アドレスとポート番号（25 番）を指定します[※1]。

```
$ telnet 192.168.1.2 25
220 mail.example.com ESMTP Postfix
```

このように、「220」で始まる SMTP 応答が返ってくれば、接続に成功しています。

最近は、macOS をはじめとして、Telnet クライアントがインストールされていないコンピュータが多いものです。この場合は、**curl**[※2] というツールを使うと、Telnet クライアントと同様に Telnet プロトコルで接続できます。curl はさまざまなプロトコルに対応したツールです。

curl では、次のように curl コマンドでプロトコル名とポート番号を指定して接続します。

```
$ curl -v telnet://192.168.1.2:25
220 mail.example.com ESMTP Postfix
```

メールサーバーとの接続が完了したあとで、入力する SMTP コマンドや実行する順番などの約束事を定めているのが SMTP というプロトコルです。接続したあと、メールソフトとメールサーバーの間では SMTP で定められた内容に沿ってやり取りします。

まずは切断方法を知っておきましょう。「QUIT」と入力すると、「221」で始まる応答が返ってきて、接続を終了できます。

```
QUIT
221 2.0.0 Bye
```

※**1** p.93の2-6節で解説するが、現在のプロバイダはインターネット上にあるメールサーバーの25番ポートに接続できないので、試したい場合は、第3章で解説するような方法を使って自分でメールサーバーを構築しよう。
※**2**「curl」https://curl.se

このようなメールソフトからのSMTPコマンドに対してメールサーバー側で応答しているのが、**デーモン**と呼ばれるプログラムです。メールサーバーではこのデーモンが動作しており、このデーモンとメールソフトがやり取りしながらメールを送信します。

実際には、届いたメールを取り出すもの、他のメールサーバーに転送するもの、メールを保存するもの、など役割に応じた複数のデーモンがあり、協調して動作しています。

memo

このようなデーモンがメールサーバー側で動いていることがわかるものとして、宛先のメールアドレスを間違えたときに届くメールが挙げられます。存在しないメールアドレスに対してメールを送信すると、次のようなメールが届くことがあります。

```
差出人：Mail Delivery System<MAILER-DAEMON@example.com>
件名：Undelivered Mail Returned to Sender
```

この差出人の欄に書かれているメールアドレスを見ると、「MAILER-DAEMON」というものが存在することがわかります。
このような「宛先が存在しない」などの理由で配信できなかったときに送られるメールを**バウンスメール**といいます。相手のメールサーバーに障害が発生しているなど、一時的なエラーのことを**ソフトバウンス**、メールアドレスに誤りがあるなど恒常的なエラーのことを**ハードバウンス**と呼ぶこともあります。

■ SMTPサーバーの応答コード

前項では「220」や「221」といった番号で始まるSMTP応答がメールサーバーから返ってきました。このように、**SMTPサーバーは利用者が入力したSMTPコマンドに対して3桁の応答コードを返します**。

この応答コードを見ると、メールを送信しようとして何らかの問題が発生したときに、その原因の特定に役立ちます。SMTPサーバーからの応答コードには、以下のような種類があります。

2xx 系

「2」で始まる応答コードは、正常な SMTP 応答を意味します。代表的な応答コードとして、**表 2-1** のものが挙げられます。

表 2-1　2xx 系の応答コード

応答コード	意味
211	システムステータス、システムヘルプの応答
214	ヘルプメッセージ（人間向け）
220	接続の確立（準備完了）
221	接続の終了
235	認証成功
250	正常な応答
251	ユーザーが存在しないため転送する

3xx 系

「3」で始まる応答コードは、処理が継続中であることや、追加の情報が必要であることを意味します。代表的な応答コードとして、**表 2-2** のものが挙げられます。

表 2-2　3xx 系の応答コード

応答コード	意味
354	データ転送開始（メールの入力準備完了）

4xx 系

「4」で始まる応答コードは、一時的なエラーが発生したことを意味します。これは、通常は一定の期間を空けて再試行すると解決することが多いものです。

代表的な応答コードとして、**表 2-3** のものが挙げられます。

表 2-3　4xx 系の応答コード

応答コード	意味
421	サービスが一時的に利用できない
450	メールボックスが一時的に利用できない
451	処理中にエラーが発生し、要求は失敗した
452	システムの空き容量不足により処理できない

5xx 系

「5」で始まる応答コードは、永続的なエラーが発生したことを意味します。代表的な応答コードとして、**表 2-4** のものが挙げられます。

表 2-4　5xx 系の応答コード

応答コード	意味
500	文法エラー（コマンドが認識できない）
501	構文エラー（引数が違う）
502	コマンドが実装されていない
503	コマンドの順序が正しくない
550	メールボックスが利用できない（存在しないなど）
551	ユーザーが存在しない
552	メールボックスがあふれているなど容量不足
553	メールボックスが許可されていない （メールアドレスが正しくないなど）
554	接続失敗など

なお、これらの応答コードがすべて使用されるわけではありません。SMTPサーバーによって異なる可能性がありますし、応答コードに加えて、そのエラーの詳細を示す文面が追加されることもあります。

■ メールソフトを使わずにSMTPで送信する

応答コードの概要を理解したうえで、**SMTPを使ってメールがどのように送信されるのか（メールソフトの裏側でどのようなやり取りが行われているのか）、具体的な内容を解説します。**

SMTPコマンドでメールを送信するには、次の手順で操作します。

1. メールサーバーに接続する
2. 送信者を指定する
3. 受信者を指定する
4. タイトルや本文などを入力する
5. メールを送信する

最初に、メールサーバーに接続します。Telnetプロトコルで接続したら、「HELO」に続けてクライアント（送信者）のホスト名を指定します。ここで指定したホスト名が、メールが経由したメールサーバーのログ情報としてメールのヘッダー部分に追加されます。

この「HELO」は一般的な英語の「HELLO」よりLが1つ少ないですが、こういう決まりです。拡張仕様を使って送る場合は「EHLO」というコマンド※3を使うこともあります。

```
HELO masuipeo.com
250 mail.example.com
```

メールサーバー側で準備ができていれば、「250」という応答コードが返ってきます。この「250」というのは正常に通信できたことを意味しています。

※3 Extended HELLOの意味。

つまり、送信側が「HELO」を送り、受信側が「250」というメッセージを送ることで初めてメールを送信できます。この応答が得られない限り、メールの送信は始まりません。

次に、送信者を指定します。これはエンベロープFromに該当するものなので、メール本文の差出人欄に表示されるものと同じである必要はありません。「MAIL FROM:」に続けて、メールアドレスを指定し、メールの送信者（エラーがあったときの返信先）を伝えます。

```
MAIL FROM: info@masuipeo.com
250 2.1.0 Ok
```

問題なければ、ここでも「250」という応答コードが返ってきます。

次に受信者を指定します。これはエンベロープToに該当するもので、「RCPT TO:」に続けて受信者のメールアドレスを指定します。

```
RCPT TO: taro@example.com
250 2.1.5 Ok
```

これも問題なければ、「250」という応答コードが返ってきます。接続しているSMTPサーバーが受信者側のSMTPサーバーで、そのSMTPサーバーのユーザーとして、指定された受信者が存在しないなど問題があった場合は、次のように「454」などの応答コードが返ってきます。

```
RCPT TO: taro@example.com
454 4.7.1 <taro@example.com>: Relay access denied
```

これで送信者と受信者が確定したので、続けて本文を入力します。ここまでは、SMTPコマンドを入力して改行するとデーモンからのSMTP応答がありましたが、メールの本文はそれなりの長さになることが多く、そこには改行が含まれます。

改行するたびに応答があると不便なので、本文を入力するときには、「DATA」というSMTPコマンドを送信することで、改行してもコマンドだと認識されないようにします。

「DATA」というSMTPコマンドを送信すると、「354」という応答コードが返ってきて、「<CR><LF>.<CR><LF>」で終わると書かれています。つまり、改行に続けて先頭に「.（ピリオド）」、そして改行するまでが本文だと判断され、この入力があるまではSMTPコマンドだと解釈されません。

この本文の部分に、メールの差出人や宛先、タイトル、そして送りたいメールの内容を指定します。

```
DATA
354 End data with <CR><LF>.<CR><LF>
From: info@masuipeo.com
To: taro@example.com
Subject: Hello!

This is a test mail.
.
250 2.0.0 Ok: queued as 30201203A154
```

上記のように、最後に「.」を入力して改行したときに、「250」という応答コードが返ってくればOKです。最後に、「QUIT」と挨拶をして終了します。

```
QUIT
221 2.0.0 Bye
```

このように、SMTPコマンドをTelnetで入力してメールを送信できることがわかります。実際には、私たちはメールソフトを使いますが、その裏側ではメールソフトがメールサーバーとの間でこのようなやり取りを繰り返しています。

2-2

POPの通信

使えるのはこんな人や場面！

- メールソフトを使わないPOPの通信を知りたいとき
- SMTPと同様にPOPで使われるコマンドを知りたい方
- メールソフトが使うPOPコマンドを知りたいとき

■ メールの受信に使われるPOP

SMTPにおけるメール送信に続いて、メールの受信に使われるプロトコルも考えます。SMTPで配信されたメールは、受信者が契約しているメールサーバー内にあるユーザーのメールボックスに格納されています。つまり、SMTPは受信者のメールボックスに格納するまでを担当し、メールボックスに届いたメールをどのように受信するかは、その受信者に任せられています。

メールボックスに届いたメールを受信するときには、POPかIMAPがよく使われていることを第1章で解説しました。この節では、POPについて詳しく見ていきます。

POPはSMTPとは別のサーバーソフトであり、利用者の認証やメールのダウンロード、メールの削除などを担当します。

最初のPOPは「RFC 918」というRFCで定められました。基本的なコマンドについてはこの頃と変わっていませんが、現在使われているPOP3の標準的な規格は「RFC 1939」で定められており、互換性はありません。

POPも、SMTPと同様にコマンドを入力して、メールサーバーとやり取りするプロトコルです。受信したメールをダウンロードするとメールサーバーから削除されますが、そのメールは手元のパソコンなどに保存して、メールソフトを使って閲覧します。

つまり、メールソフトにはメールを受信するだけでなく、受信したメールを管理する機能が求められます。

■ メールソフトを使わずにPOPで受信する

POPサーバーとのやり取りを確認するには、SMTPのやり取りと同様にTelnetを使うのがわかりやすいでしょう。POPサーバーに接続するときは、次のように「telnet」に続けて、IPアドレスとポート番号（110番）を指定します。

```
$ telnet 192.168.1.2 110
* About to connect() to x.x.x.x port 110 (#0)
*   Trying x.x.x.x...
* Connected to x.x.x.x (x.x.x.x) port 110 (#0)
+OK Dovecot ready.
```

curlを使う方法でも同じです。

```
$ curl -v telnet://192.168.1.2:110
* About to connect() to x.x.x.x port 110 (#0)
*   Trying x.x.x.x...
* Connected to x.x.x.x (x.x.x.x) port 110 (#0)
+OK Dovecot ready.
```

接続できたら、「USER」に続けてユーザー名を、「PASS」に続けてパスワードを入力します。ここでは、「taro」というユーザー名で、パスワードに「p@ssw0rd」を指定しています。

```
USER taro
+OK
PASS p@ssw0rd
+OK
```

そして、「STAT」コマンドを実行すると、メールサーバー上に保存されているメールの件数と合計の容量を取得できます。

```
STAT
+OK 2 782
```


受信メールの一覧（メールの番号とそのメールのサイズ）を取得するには、「LIST」というコマンドを実行します。

```
LIST
+OK 2 messages:
1 393
2 389
.
```

このメールを表示するには、「RETR」に続けて、上記で表示された番号を指定します。

```
RETR 1
+OK 393 octets
Return-Path: <info@masuipeo.com>
X-Original-To: taro@example.com
Delivered-To: taro@example.com
Received: from example.com (x.x.x.x [162.43.xx.xx])
  by example.com (Postfix) with SMTP id ADBE51201
  for <taro@example.com>; Fri, 18 Aug 2023 01:23:45 +0900 (JST)
From: info@masuipeo.com
To:taro@example.com
Subject:Hello

This is a test mail.
.
```

メールを削除するには、「DELE」に続けて上記で表示された番号を指定します。

```
DELE 1
+OK Marked to be deleted.
```

ログアウトするときは、「QUIT」と入力します。

```
QUIT
+OK Logging out.
Connection closed by foreign host.
```

なお、実際には「DELE」コマンドを実行するだけでは該当のメールは削除されず、メールサーバー上で削除のマークがついているだけです。そして、「QUIT」コマンドを実行することで削除されます。このため、削除を取り消したい場合は「QUIT」コマンドの前に「RSET」というコマンドを入力することでキャンセルできます。

これを見てわかるように、POPでもメールを受信したからといって、自動的に削除されるわけではありません。ただし、POPサーバー側では未読か既読か（メールを一度読み込んだか）を把握することはできますが、ユーザーが自由にフォルダを作成して移動するなどのメールを管理する機能はありません。

memo

POPで新着メールを判断するためには、メールごとに付与されているUID（Unique Identifier）と呼ばれるIDをチェックする方法があります。POPには「UIDL」というコマンドが用意されており、このコマンドでPOPサーバーにUIDリストを要求し、すでに受信したメールのUIDと比較して、過去に受信していないメールを取り出すことはできます。

つまり、サーバーにメールを残していると、過去にどのメールをダウンロードしたのかをメールソフト側で管理し、差分を取得しなければなりません。

このため、多くのメールソフトではPOPで接続したときにメールサーバー側に残っているメールをすべて受信し、受信したメールはすべて削除するように設定されています。

■ POPのコマンド一覧

上記で紹介した以外にも、POPには**表2-5**のようなコマンドがあります。なお、コマンドの大文字や小文字は区別されません。

表2-5 POPのコマンド

コマンド	処理内容
USER	ユーザー名を指定してサーバーにログインする
PASS	パスワードを指定する
QUIT	サーバーからログアウトする
STAT	メールボックスにあるメールの数と合計サイズを取得する
LIST	メールボックス内のメールの一覧を表示する
RETR	指定したメールの内容を取得する
DELE	指定したメールに削除フラグを立てる
NOOP	何も処理をせずに、サーバーとの接続を維持する
RSET	削除フラグをリセットして元の状態に戻す
TOP	指定したメールのヘッダーと先頭部分を取得する
UIDL	メッセージの一意識別子（UID）を取得する
APOP	APOPで認証する
STLS	暗号化された通信を開始する

一般的なPOPサーバーは上記のようなコマンドに対応していますが、メールサーバー製品によってはサポートされるコマンドが異なる場合があります。それぞれのPOPサーバーがサポートしているコマンドや、詳細な使い方については、メールサーバーのマニュアルに従って使用してください。

2-3

IMAPの通信

使えるのはこんな人や場面！

- メールソフトを使わずにIMAPでメールを受信したいとき
- SMTPやPOPと同様にIMAPのコマンドを知りたい方
- IMAPでメールボックスを操作するコマンドを知りたい方

■ メールソフトを使わずにIMAPで受信する

POPにおけるメール受信に続いて、IMAPでメールを受信する方法についても考えます。**IMAPも、SMTPやPOPと同様にコマンドを入力して、メールサーバーからメールを受信するプロトコルです。**ただし、受信したときにメールを削除するような使い方ではなく、メールサーバー側でメールを管理し、メールソフトではそのコピーを表示する使い方が一般的です。

このため、特定のパソコンやスマートフォンでなくても、契約しているメールサーバーに接続できる環境さえあれば、どこからでも同じメールを閲覧できます。

IMAPによるやり取りを確認するために、SMTPやPOPと同様にTelnetを使いましょう。IMAPサーバーに接続するときは、次のように「telnet」に続けて、IPアドレスとポート番号（143番）を指定します。

```
$ telnet 192.168.1.2 143
* About to connect() to 133.18.237.254 port 143 (#0)
*   Trying 133.18.237.254...
* Connected to 133.18.237.254 (133.18.237.254) port 143 (#0)
* OK [CAPABILITY IMAP4rev1 SASL-IR LOGIN-REFERRALS ID ENABLE
IDLE LITERAL+ AUTH=PLAIN AUTH=LOGIN] Dovecot ready.
```

curlを使う方法でも同じです。

```
$ curl -v telnet://192.168.1.2:143
```

接続が完了すると、SMTPやPOPと同様にコマンドを入力しますが、IMAPでは「識別子 コマンド」のように、コマンドの前に識別子の指定が必要です。

たとえば、ログインするときにはユーザー名とパスワードを指定した「LOGIN」というコマンドの前に適当な識別子を入力します。ここでは「a01」という識別子を指定しています。

```
a01 LOGIN taro p@ssw0rd
a01 OK [CAPABILITY ...] Logged in
```

すると、上記のように識別子と合わせて応答が表示されます。ユーザー名とパスワードが一致していれば、「Logged in」のようなメッセージが表示されます。

ログインが完了すると、「LIST」というコマンドでメールボックスの一覧を表示します。IMAPではメールサーバー上でフォルダのようにメールを管理でき、複数のメールボックスがある可能性があるためです。

```
a02 LIST "" "*"
* LIST (\HasNoChildren) "." INBOX
a02 OK List completed (0.001 + 0.009 + 0.008 secs).
```

この「LIST」に続けて入力した「""」は、階層の位置が最上位であることを表しています。特定のフォルダ（階層）の中を表示したい場合は、この「""」の間にその名前を指定します。ここでは「INBOX」というメールボックスが存在することがわかったので、これを選択します。選択するには「SELECT」

というコマンドに続けてメールボックスの名前を指定します。

```
a03 SELECT INBOX
* FLAGS (\Answered \Flagged \Deleted \Seen \Draft)
* OK [PERMANENTFLAGS (\Answered \Flagged \Deleted \Seen \Draft
\*)] Flags permitted.
* 2 EXISTS
* 0 RECENT
* OK [UNSEEN 2] First unseen.
* OK [UIDVALIDITY 1692320223] UIDs valid
* OK [UIDNEXT 3] Predicted next UID
a03 OK [READ-WRITE] Select completed (0.001 + 0.009 + 0.008 secs).
```

メールの一覧を表示するには、「SEARCH」コマンドを使用します。このとき、すべてのメールを表示するには「all」というオプションを指定します。

```
a04 SEARCH all
* SEARCH 1 2
a04 OK Search completed (0.001 + 0.009 secs).
```

SEARCH コマンドに指定する検索条件として、その他に**表 2-6** のようなものがあります。

表 2-6　SEARCH コマンドの検索条件

検索条件	意味
from 文字列	差出人
to 文字列	宛先
subject 文字列	件名
body 文字列	本文
since 日付	サーバーへの到着日時

取得した一覧からメール番号を使ってメールの詳細を閲覧するには、「FETCH」というコマンドに続けて、取得する番号を指定します。次のように指定すると、1番のメールから本文の全コンテンツを取得します。

```
a05 FETCH 1 BODY[]
* 1 FETCH (BODY[] {393}
Return-Path: <info@masuipeo.com>
X-Original-To: taro@example.com
Delivered-To: taro@example.com
Received: from example.com (x.x.x.x [162.43.x.x])
        by example.com (Postfix) with SMTP id ADBE51201
        for <taro@example.com>; Fri, 18 Aug 2023 01:23:45 +0900
        (JST)
From: info@masuipeo.com
To: taro@example.com
Subject: Hello!

This is a test mail.
)
a05 OK Fetch completed (0.001 + 0.009 secs).
```

ここではFETCHのオプションとして「BODY」を指定していますが、他にも「FLAGS」(未読・既読などの状態)、「UID」(メールのUID)、「FULL」(上記のFLAGSやメールサイズ、本文などすべて) などさまざまなオプションがあります。

ログアウトするには、「LOGOUT」というコマンドを実行します。

```
a06 LOGOUT
* BYE Logging out
a06 OK Logout completed (0.001 + 0.009 + 0.008 secs).
```

■ IMAP のコマンド一覧

前述したコマンド以外にも、IMAP には**表 2-7** のようなものがあります。これを見ると、**フォルダを管理するコマンドがあり、サーバー上でメールを管理できることがわかります。**

表 2-7　IMAP のコマンド

機能の種類	コマンド	説明
認証	LOGIN	ユーザー名とパスワードを指定してログインする
	LOGOUT	サーバーからログアウトする
フォルダ管理	SELECT	メールボックスを選択する
	EXAMINE	読み取り専用モードでメールボックスを開く
	CREATE	新しいメールボックスを作成する
	DELETE	メールボックスを削除する
	RENAME	メールボックスの名前を変更する
	SUBSCRIBE	指定したメールボックスを購読する
	UNSUBSCRIBE	指定したメールボックスの購読をやめる
	LIST	メールボックスの一覧を取得する
	LSUB	購読しているメールボックスの一覧を取得する
	STATUS	メールボックスの状態を取得する
メール操作	APPEND	IMAP サーバーに新しいメールを追加する
	FETCH	メールを取得する
	STORE	指定したメールのフラグを変更する
	SEARCH	条件を指定してメールを検索する
	COPY	指定したメールを別のメールボックスにコピーする

これも POP と同様に、メールサーバー製品によってはサポートされるコマンドが異なる場合があります。サポートしているコマンドや、詳細な使い方については、メールサーバーのマニュアルを読んで試してみてください。

2-4

受信したメールの管理

使えるのはこんな人や場面！

- サーバー側で使われるメールの保存方法を知りたい方
- クライアント側で使われるメールの保存方法を知りたい方

■ メールサーバーに受信メールを保存する

SMTPで配送されてきたメールをメールサーバー上のメールボックスに保存するときや、受信者がPOPで受信したメールをパソコンやスマートフォンに保存するとき、どのような形式のファイルで管理するのが最適なのかを考えてみます。

このときに考慮すべきこととして、同時に複数のプログラムがアクセスする可能性や、メールの移動や削除の効率性、メールのバックアップの容易性、複数のソフトウェア間の互換性などが挙げられます。

前提条件として、メールはテキスト形式で送受信されています。画像などのファイルが添付されているメールもありますが、もともとのメールはテキスト形式を前提としているため、画像などのファイルもテキスト形式に変換しています。つまり、画像などのファイルが添付されていても、1つのメールを1つのテキストとして扱えます（詳しくは第4章で解説します）。

ここでは、届いたメールのメールサーバー上での保存方法について解説します。メールサーバーには複数のユーザーのアカウントを作成しており、ユーザーごとにメールを管理しなければなりません。このとき、**考え方としては「1つのファイルに1つのメールを保存する方法」と、「1つのファイルに複数のメールを保存する方法」があります**【図2-5】。

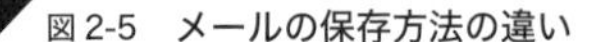

図 2-5　メールの保存方法の違い

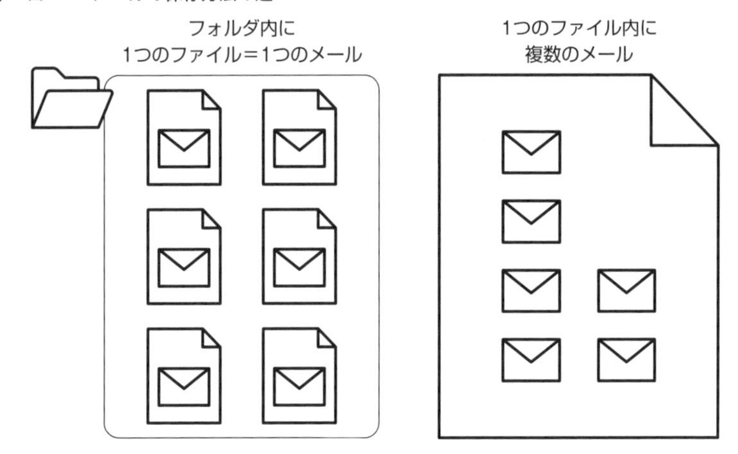

■ mbox と Maildir

メールサーバーに届いたメールを保存するとき、1 つのファイルに複数のメールを格納する代表的な形式として**mbox（Mailbox）**があります。**UNIX 系の OS で古くからメールボックスとしてよく使われていた形式で、ユーザー単位にそのユーザー宛のメールを複数並べて 1 つのファイルに保存します。**

つまり、ユーザーの数だけファイルを用意しておき、新しいメールが届いたときは、そのメールを該当ユーザーのファイルの末尾に追加するだけなのでシンプルです**【図 2-6】**。

図2-6 mbox ファイル

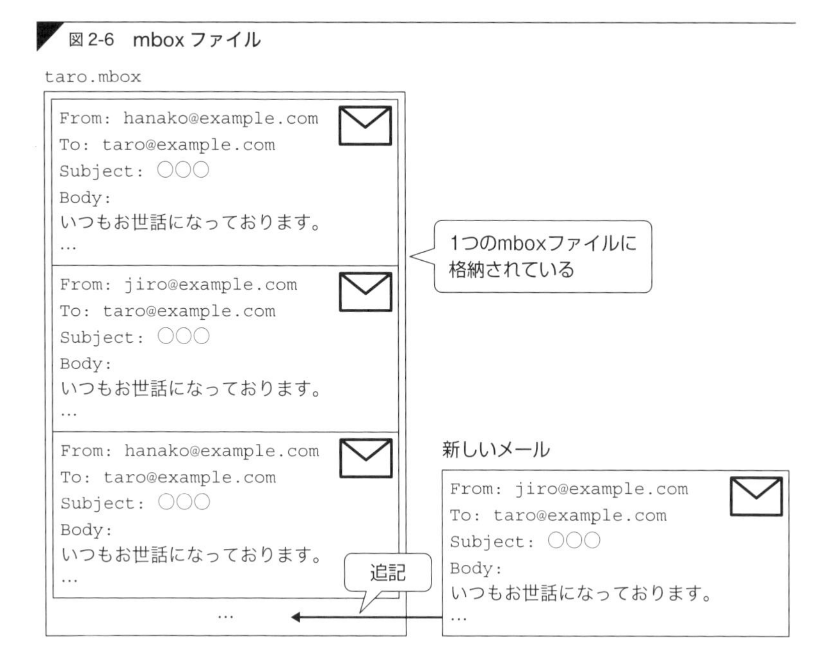

1つのファイルをコピーするだけで複数のメールを一度にバックアップできますし、メールの本文の検索も容易です。「ファイルの保存場所を変更したい」という場合も、mbox ファイルを指定するだけで容易に移行できるので手軽です。

ただし、1つのファイルに複数のデータが入っているため、届いた新着メールを書き込んでいる際など、あるプログラムがファイルをロックしてしまうと他の操作ができなくなります。ファイルの一部が壊れると、他のメールも読み出せなくなる可能性があることにも注意が必要です。

なお、メールサーバー上で mbox ファイルを格納する場所には、共有ディレクトリ（/var/spool/mail/ユーザー名）に置くパターンと、ホームディレクトリ（/home/ユーザー名/Mailbox）に置くパターンがあります。

一方で、1つのファイルに1つのメールを格納する形式として **Maildir** があります。**これも UNIX 系の OS でメールボックスとして使われる形式で、**

mboxの欠点を解消するために開発されたフォーマットです。Maildirもテキスト形式のため、さまざまなメールソフトで扱えます。

私たちがファイルの管理にフォルダを使うように、未読メール・既読メールなどによってフォルダを分けて保存されており、たとえば「taro」というユーザーであれば、以下のようなフォルダが作られます。

```
/home/taro/Maildir/new ← 未読メール
/home/taro/Maildir/cur ← 既読メール
/home/taro/Maildir/tmp ← 受信中のメール
```

そして、このフォルダの中にそれぞれのメールを個別のファイルとして保存します。届いたメールはまず「tmp」フォルダに格納され、書き込みが完了すると「new」フォルダに移動されます。

利用者がPOPで受信してメールを削除しなかった場合や、IMAPで利用者が読み込んだ場合は「cur」フォルダに移動して既読とします。もちろん、利用者が自由にフォルダを作成し、そのフォルダにメールを移動しておくこともできます。

特定のメールを表示するには、指定したフォルダから単独のファイルを開くだけなので高速に処理できますし、新しく届いたメールを保存するときもファイルを作成するだけなので特定のファイルをロックする必要もありません。

このため、メールの読み込みや書き込みの処理は高速になりますし、ファイルが壊れても、そのメールが読めなくなるだけで他のメールには影響しません。

ただし、複数のメールを一覧表示したり、本文で検索したりしようと思うと、それぞれのファイルをプログラムが開きながら処理する必要があり、メールの数が多くなると処理に時間がかかります。

■ メールソフト側のeml形式とpst形式

メールサーバー側ではmboxやMaildirでメールを保存していますが、**メールソフト側で受信したメールをパソコンの中にどのように保存するのかを考え**

ます。

Maildir のように 1 通のメールを 1 つのファイルに格納する方法として **eml 形式**があります。メールにはタイトルや本文、添付ファイル以外にメールサーバーによって付加されるヘッダーなどがありますが、これらをまとめて 1 つのファイルに格納します。

パソコンでは、「.eml」という拡張子をつけたファイルとして保存されることが多く、Outlook や Thunderbird などのようにパソコンにインストールするソフトでも読み込めて、インポートやエクスポートに対応しているだけでなく、Gmail などのクラウド型のメールに移行するときにも使用できます。

eml 形式はインポートやエクスポートには便利な一方で、パソコンのソフトとしてメールを管理するときは不便です。メールの一覧画面を表示するにも、検索するにもそれぞれのファイルを開かなければなりません。

そこで、多くのメールソフトは独自のファイル形式でメールを管理しており、インポートやエクスポートのときだけ eml 形式を使います。

Outlook でメールを管理するために使われているのが **pst 形式**です。メールだけでなくカレンダーやアドレス帳など、Outlook で管理するさまざまなデータを保存するために使われています。

パソコンを買い替えた場合など、Outlook から Outlook に移行するときは、アカウント単位で 1 つのファイルだけをコピーすればデータをすべて移せるため便利です。ただし、Outlook 以外のメールソフトでは開けないことに注意が必要です。

Thunderbird の場合は、メールボックス単位にメールを保管するだけでなく、メールを高速に検索するために要約した索引用のファイルを保管していたりします。

このように、さまざまな形式でメールは管理されています。

使っているメールソフトを変更したいとき、ファイル形式には互換性がないことが多いため、インポートやエクスポートの機能の有無を確認して選ぶようにしましょう。

2-5

メールヘッダー

使えるのはこんな人や場面！

- メールヘッダーに指定する項目と規格を知りたい方
- メールの振り分けなどフィルタリングを利用するとき

■ メールヘッダーの内容

この章の冒頭で紹介したようにメールソフトで**メールヘッダーを見ると、多くの行は「:」で区切られた形式になっていることがわかります**。このメールヘッダー内のそれぞれの行を**フィールド**といい、「:」の左側を**フィールド名**、右側を**フィールド値**といいます。

フィールド名は大文字で始まって残りは小文字のものが多いですが、大文字や小文字を区別しないので、「From」を「FROM」や「from」と書いても問題ありません。

なお、「:」のあとには空白（スペース）を入れても入れなくても構いませんが、1文字の空白を入れることが一般的です。

また、フィールド値が長くなった場合は、1行を76文字以内にするように折り返します。折り返した場合は、継続を意味するために新しい行の先頭にタブ文字を入れます。

第1章で解説した「To」や「Cc」、「Bcc」、「From」、「Subject」の他に、メールソフトやメールサーバーが付加するヘッダーはさまざまです。しかし、メールのフォーマットを定めるRFC 5322で「必須（REQUIRED）」とされているヘッダーは、From以外には「Date」しかありません。

その他もRFC 5322ではさまざまなフィールドが定められていますが、いずれも任意の項目です。しかし、「Message-ID」は指定すべき（SHOULD）

とされていますし、その他のフィールドについても多くのメールソフトが設定していますので、これらについて解説します。

Date

メールの送信日時を表す必須のフィールドです。「Date:」で始まる行で、「Date: 曜日 , 日 月 年 時刻 タイムゾーン」という形式でメールソフトによって指定されます。具体的には、「Mon, 21 Aug 2023 12:34:56 +0900」のようになります。

曜日の部分には日曜から土曜までを Sun、Mon、Tue、Wed、Thu、Fri、Sat で表しますが、省略することもできます。また、月は 1 月から 12 月までを Jan、Feb、Mar、Apr、May、Jun、Jul、Aug、Sep、Oct、Nov、Dec で表します。

Message-ID

第 1 章では、返信するメールを識別するために、それぞれのメールには ID が付与されていると解説しました。この ID は「Message-ID:」で始まる行で、重複しないようにドメイン名を含んだメールアドレスのような値をメールソフトが指定します。

このとき、どのメールにも同じ値を ID として付与すると、同じ値に対して複数のメールが存在することになるため、ハッシュ値を使うなど他のメールと重複しない値を生成します。

たとえば、Gmail では次のような値が使われます。

```
CAGSxNGEzZgn+meZhf5J4KMwHwVPkNs2fO6Zb9JMJ=GA_eTuBLA@mail.
gmail.com
```

MIME-Version

メールには、本文以外にファイルを添付してさまざまな形式のデータを含められます。このように、メールの形式を拡張する機能を **MIME**（Multipurpose Internet Mail Extensions）といいます。

MIME では 1 通のメールの中で、全体のヘッダーのあとに、メール本文が続きます。このとき、メール本文の部分には、添付ファイルとの境界となる文字列に続けて、添付ファイルごとにヘッダーと本文を繰り返す構造になっています**【図 2-7】**。

図 2-7　MIME の構造

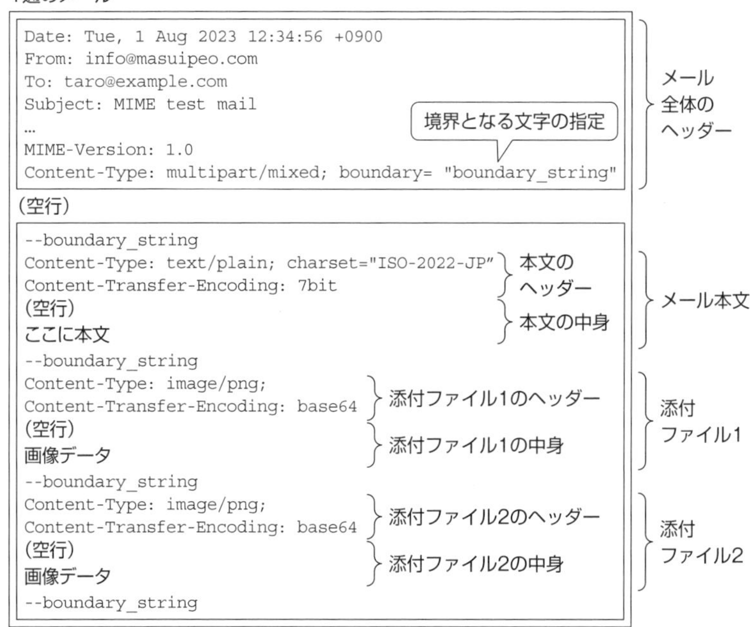

1通のメール
Date: Tue, 1 Aug 2023 12:34:56 +0900
From: info@masuipeo.com
To: taro@example.com
Subject: MIME test mail
…
MIME-Version: 1.0
Content-Type: multipart/mixed; boundary= "boundary_string"
境界となる文字の指定
メール全体のヘッダー
(空行)
--boundary_string
Content-Type: text/plain; charset="ISO-2022-JP"
Content-Transfer-Encoding: 7bit
(空行)
ここに本文
本文のヘッダー
本文の中身
メール本文
--boundary_string
Content-Type: image/png;
Content-Transfer-Encoding: base64
(空行)
画像データ
添付ファイル1のヘッダー
添付ファイル1の中身
添付ファイル1
--boundary_string
Content-Type: image/png;
Content-Transfer-Encoding: base64
(空行)
画像データ
添付ファイル2のヘッダー
添付ファイル2の中身
添付ファイル2
--boundary_string

この MIME のバージョンを指定するのが、全体のヘッダー内にある「MIME-Version:」で始まる行です。テキスト形式のメールであればこの行はなく、添付ファイルがついているメールや HTML 形式のメールであれば、執筆時点ではこのフィールドに「1.0」という値が指定されています。

Content-Type

メール本文の形式を指定するのが「Content-Type:」で始まる行です。

MIMEでは本文や添付ファイルの形式として、テキストやHTML、画像、音声、動画などがありますが、その種類が指定されています。

たとえば、テキスト形式であれば、次のように文字コードと合わせて指定されます。

```
Content-Type: text/plain; charset=UTF-8
```

Reply-To

メールへの返信として本文のFromとは異なるメールアドレスに返信してほしいときがあります。たとえば、メーリングリストで差出人と返送先が異なる場合などが考えられます。

このときは、返送先のメールアドレスを「Reply-To:」で始まる行で指定します。

Sender

秘書が代理でメールを送信する場合など、送信者（秘書）と差出人（本来の人物）が異なる場合があります。このときは、差出人の名前とメールアドレスをFromに書き、送信者の名前とメールアドレスはSenderに書きます。

なお、送信者と差出人が同じ場合はSenderを使わず、Fromだけを使用します。

Return-Path

宛先が存在しなかったなどの理由で、メールサーバー間でメールが送信できなかった場合は、エンベロープFromにエラーメールを返します。エンベロープFromは配送が問題なく完了した場合は、特に使われることはありません。しかし、配送に問題が発生した場合に備えて、メールの本文の先頭に付加されるのが「Return-Path」というフィールドで、メールが送信された際に受信側の最後のメールサーバーがエンベロープFromの値を設定します。

本文のFromとエンベロープFromを分ける具体的な例として、ECサイトなどが顧客に対してメールマガジンを送る場面を考えてみましょう。大量の顧客に自社のメールサーバーから送信することが難しい場合、外部のメールマガジン配信サービスなどを使用する場合があります。

このとき、実際に送信するのは外部の配信サービスですが、差出人として配信サービスの名前が書かれていると、受け取った顧客は混乱してしまう可能性があります。そこで、本文のFromとエンベロープFromを分けることで、顧客の画面には本文のFromが表示され、何らかの問題があった場合は配信サービスに返送されるようにできます。

Received

Return-Pathと同様に、送信側ではないメールサーバーが追加するヘッダーとして「Received:」で始まる行があります。これは、メールサーバーを経由するたびにヘッダーの前に追加していくため、下から上に追加されていきます。つまり、「Received」という行が複数ある場合は、下から上へという流れでメールが転送されていることがわかります**【図2-8】**。

図2-8　経由したメールサーバーの履歴

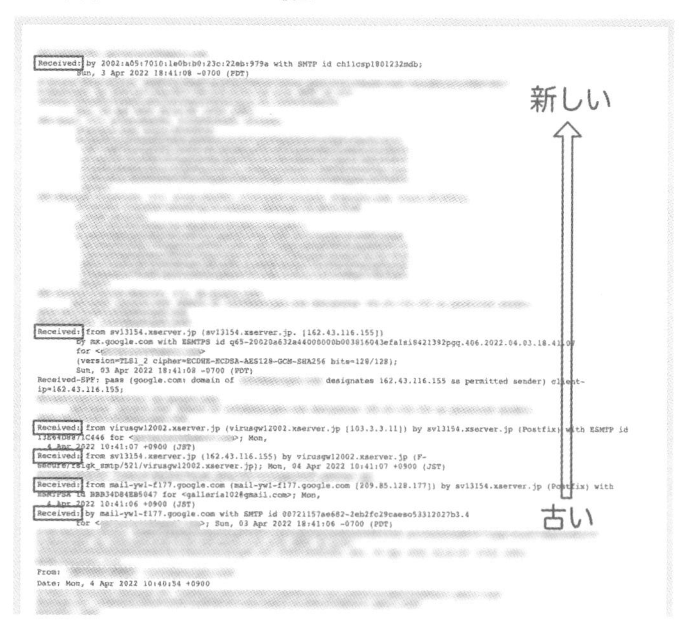

■ メールヘッダーが活用される「フィルタリング」

メールヘッダーにはさまざまな情報が含まれていますが、利用者がその中身を見ることはほとんどありません。しかし、メールソフトはその中身に応じてさまざまな処理をしています。

代表的な例がメールの**フィルタリング**です。フィルタリングとは、指定した条件でメールを自動的に分類・整理したり、不要なメールを排除したりすることを指します。これにより、特定の送信元からのメールを特定のフォルダに移動できます。

フォルダに移動する条件を事前に指定しておくことで、受信したメールの管理を効率化できたりします。**このときに使われるのが、差出人のメールアドレスや件名の他、送信された日付などメールヘッダーにある情報です。**

たとえば、Gmail では From や To、件名、本文に含まれる文字、添付ファイルのサイズなどに応じて一般の利用者が自由にフィルタを作成できます**【図2-9】**。

図 2-9　メールのフィルタ作成

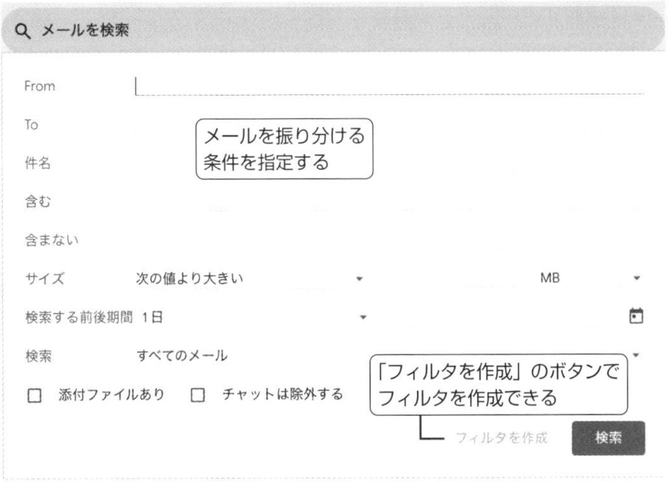

メールを検索

From

To

件名

含む

含まない

サイズ　次の値より大きい　MB

検索する前後期間　1日

検索　すべてのメール

添付ファイルあり　チャットは除外する

フィルタを作成　検索

メールを振り分ける条件を指定する

「フィルタを作成」のボタンでフィルタを作成できる

これは一般的な利用者が確認できる情報を使ったフィルタリングですが、メールヘッダーを使ったフィルタリングが役に立つのが**スパムメール**の扱いです。スパムメールは**迷惑メール**とも呼ばれ、不特定多数の人に送信される広告メールや、コンピュータウイルスなど悪意のあるファイルが添付されているメールです。

このようなスパムメールを自動的に迷惑メールフォルダに移動させられると、利用者は不要なメールを目にしなくて済みます。**スパムメールは、差出人の内容を偽装していたり、件名に不審な文言が使われていたりすることが多いため、これらの情報を利用してスパムメールかどうかを判定できます。**

また、メールヘッダーにある「Received」フィールドを使って、メールの配送に使われた中継メールサーバーなどの経路を調べることもできます。これにより、メールの送信にエラーが発生したり、配送が遅延したりした場合の問題を特定することもできます。

最近のGmailなどのメールソフトは、利用者がフィルタリングを手動で設定しなくても、自動的に迷惑メールを判定する機能を備えています。詳しくは第5章で解説します。

その他、第5章で解説する送信ドメイン認証のしくみもメールヘッダーを使用します。特定の送信元から送信されたメールであるかどうかをメールサーバーで検証した結果がメールヘッダーに格納されるため、受信者のメールソフトでは「正規の送信元であるか」「メールの改ざんがないか」などを確認できます。

以上のように、メールヘッダーを活用することで、届いたメールを自動的に振り分けるなどメールの管理を楽にできるだけでなく、セキュリティの確保や配送トラブルの解決が可能となります。

ユーザーの認証

使えるのはこんな人や場面！

- SMTP における認証の必要性を知りたい方
- 簡易的な認証方法やよく使われている認証方法を知りたい方
- 25 番ポートを使って送信できない理由を知りたい方

■ SMTP における認証の必要性

ここまでメールソフトを使わずに SMTP でメールを送信したり、POP や IMAP でメールを受信したりする方法を解説しました。POP や IMAP では ID とパスワードを入力してログインしましたが、SMTP でコマンドからメールを送信するときにはログインは不要でした。

実際、SMTP はメールの送信だけでなく転送にも使われるプロトコルなので、ログインすることなく誰でもメールを送信できます。これは便利な反面、悪意を持って大量にメールを送信しようとする人がいると、それを防ぐ方法がないことを意味します。

広告メールを送信する事業者にとっては、それほど費用をかけずに自由にメールを送信できることから、受信者が希望しないメールが大量に送信されるようになりました。これにより**スパムメールがあふれたこともあり、メールの送信元を認証するしくみが作られました**。

インターネット上でメールの転送に使われている SMTP のプロトコルそのものを変えるのは大変ですが、プロバイダなどを経由してインターネットに接続している利用者がメールを送信するときに、スパムメールなどを送信することには制限をかけようという考え方です。

■ POP before SMTP

SMTPでメールを送信するときに、接続してきたユーザーを認証する方法としてまず考えられたのが、POPやIMAPを利用した認証方法です。私たちがメールソフトを使うときは、まずメールソフトを起動して新しいメールが届いていないか確認します。そのうえで、メールを送信したい場合は宛先や本文などを入力して送信します。

つまり、メールの送信より先に受信の作業をすることが多いものです。これを使った方法が**POP before SMTP**や**IMAP before SMTP**です。名前の通り、**メールを送信する前に、POPやIMAPによってメールを受信することを必須にする方法です**。メールを受信するには利用者の認証が必要なので、その認証が済んだあとに、そのIPアドレスからのSMTPによるメールの送信を認めることで、SMTPのしくみを大きく変えることなく送信者の認証を実現しました。

たとえば、POP before SMTPでは、次のような手順で通信します。

1. 利用者がメールを受信するためにPOPを使用する
2. POPによる認証が成功すると、SMTPによるメールの送信が許可される
3. 一定時間が経過すると、再度POPによる認証を必要とする

この方法は、メールソフト側としては特に対応が必要なく、利用者がメールを送信する操作の前にメールの受信操作をするだけで済むため広く普及しました。

ただし、受信操作をせずにメールを送信しようとしてエラーとなったときに、利用者がその理由を理解できず、プロバイダへの苦情や問い合わせが増えたのも事実です。

■ SMTP AUTH

POP before SMTPではメールソフトの変更は不要である一方で、その場

しのぎの対策だといえます。たとえば、ユーザーがPOP認証をすると、一定の時間はそのユーザーからのSMTPによるメール送信を許可しますが、その期間中であれば同じIPアドレスの利用者は誰でもその認証を利用できる可能性があります。つまり、IPアドレスを詐称したり、社内などグローバルIPアドレスが同じ端末が複数存在したりすると、事前に認証しなくても、メールを送信できる可能性があります。

根本的にはSMTPでメールを送信するときに認証すべきであり、**SMTP AUTH（SMTP認証）**というSMTPを拡張した仕様が使われるようになりました。**SMTP AUTHは、SMTPによってメールを送信するときに、ユーザーを認証するしくみです。**

memo

正式には「SMTP Service Extension for Authentication」という名前です。長いため、「SMTP Authentication」や「SMTP AUTH」と略されることが一般的です。

メールを送信しようとしたときにIDとパスワードを確認することで、送信者を認証し、大量のメールを送信するようなユーザーはアカウントを止められるようにしたのです。

これにはメールサーバー側だけでなくメールソフト側も修正が必要でしたが、現状ではほとんどのメールソフトがSMTP AUTHに対応しているため、多くのプロバイダではSMTP AUTHによる認証を必須としています。

SMTP AUTHでは、SASL（Simple Authentication and Security Layer）と呼ばれる汎用的なフレームワークを用いており、さまざまな認証方式を使用できます。

認証方式1）PLAINやLOGIN

パスワードを**Base64**という符号化方式でエンコードして送信する認証方

式としてPLAINやLOGINがあります。

Base64はどんなデータでも64種類の文字のいずれかに変換できる符号化方式です。「0」から「9」までの数字、大文字と小文字の英字（a-z、A-Z)、プラス記号（+)、スラッシュ（/)、イコール（=）の3つの記号を使った合計64種類の文字で表現します。

PLAINはIDとパスワードを合わせて送るのに対し、LOGINはIDを送信したあとで、サーバーとのやり取りの中でパスワードを送信します。つまり、認証情報を送信するステップが異なりますが、**いずれにしてもパスワードが符号化されているだけで暗号化はされていないため、通信経路上での盗聴などのリスクがあります**。

認証方式2）CRAM-MD5やDIGEST-MD5

ログインするときにランダムな「チャレンジ」という文字列をサーバーから受け取り、そのチャレンジを使ってパスワードをハッシュ化して送信する認証方式を使った方法としてCRAM-MD5 (Challenge-Response Authentication Mechanism using the Message Digest algorithm 5) やDIGEST-MD5があります。これらは毎回チャレンジが変わり、パスワードをハッシュ化した値だけが送信されるため、パスワードが盗み見られる心配はありません。

ただし、ハッシュ関数※4としてMD5と呼ばれる古い関数を使用しており、現代のセキュリティ標準としては不適切だとされています。

認証方式3）SCRAM-SHA-1やSCRAM-SHA-256

SCRAM（Salted Challenge Response Authentication Mechanism）は従来のチャレンジレスポンス型の認証を改善したもので、サーバー側ではパスワードそのものを保管しません。また、サーバーからのチャレンジに対する応答だけを送信するため、パスワードを知られることはありません。

RFC 5802で定められているSCRAM-SHA-1や、RFC 7677で定められているSCRAM-SHA-256などがあり、ハッシュの計算としてMD5ではなくSHA-1やSHA-256というハッシュ関数が使われ、現在でも安全だとされています。

※4 データを不規則な文字列に変換する関数。

■ OP25Bとサブミッションポート

SMTP AUTHを導入することでメール送信時に認証が必要になりましたが、インターネット上でメールを転送するSMTPサーバーでは認証は必要ありません。つまり、悪意を持ってメールを送信したい場合は、そのようなSMTPサーバーを使ってメールを送信すれば、大量にメールを送信できてしまいます。

しかし、SMTPの仕様を変えることは現実的ではありません。そこで、考えられたのが**プロバイダによって25番ポートへの外向き（プロバイダ→インターネット）の通信をブロックする方法です**。第1章で解説したように、SMTPでは25番ポートを使用してメールを送信、転送します。つまり、25番ポートへのアクセスをブロックすれば、メールを送信できなくなります。

これを「**OP25B**（Outbound Port 25 Blocking）」といいます。つまり、プロバイダを経由して、インターネット上の25番ポートに向かう通信をブロックするというものです**【図2-10】**。

図2-10 25番ポートへのアクセスをブロックする

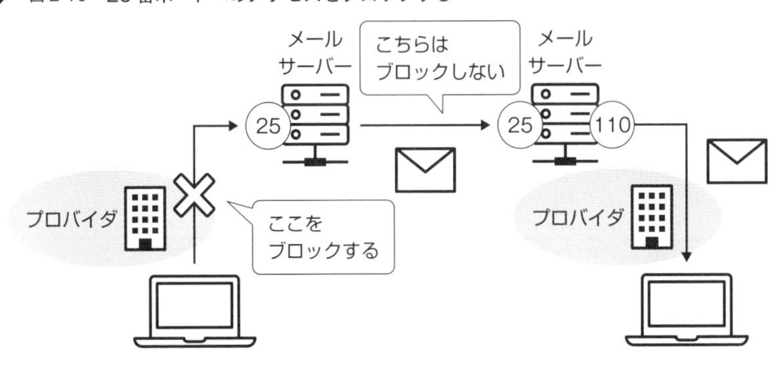

これをすべてのプロバイダが実施することで、インターネット内でのメールは認証することなく転送できますが、インターネット外からメールを送信することはできなくなります。これにより、スパムメールの業者はメールを送信できなくなりますが、一般の利用者もメールを送信できなくなってしまいます。

そこで、一般の利用者が使用するメールサーバーのポート番号を25番ポートから587番に変更し、これをSMTP AUTHのポート番号として設定しました。このようなポートを**サブミッションポート**といいます。

これにより、一般の利用者は587番ポートを使ってメールを送信すると、25番ポート宛ではないので問題なく通信でき、インターネットに入れば25番ポートでメールを転送できます**【図2-11】**。

図2-11　587番ポートによる送信

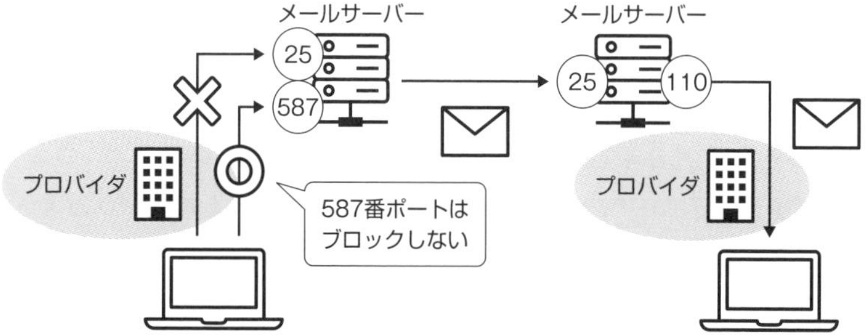

大量にメールを送信したい事業者もこの587番ポートを使えばよいのですが、このポート番号は認証が必要です。つまり、スパムメールの事業者が大量にメールを送信している場合は、プロバイダがそのアカウントを止めることができます。そして、認証せずに送信しようとしても25番ポートはブロックされています。このOP25Bを導入するだけでは、迷惑メールを完全に防止することはできませんが、メールサーバー側でも他の対策を併用することで一定の効果がありました。

これに加えて、SMTPの通信に暗号化を追加したプロトコルとしてSMTP over SSL/TLSなどがあり、このポート番号として465番が多く使われていた時代もありましたが、**現在は465番ポートについては非推奨となっており、587番ポートを使用して暗号化する方法が基本です**。ただし、一部のプロバイダやレンタルサーバーでは、現在も465番ポートを使用するようになっています。これらの暗号化などの対応については、第6章で詳しく解説します。

2-7

携帯電話のプッシュ型メール

使えるのはこんな人や場面！

- 携帯電話のようなプッシュ型メールを実現したい方
- サーバー側からクライアント側に新着メールの通知をしたいとき
- 携帯電話事業者のメール通知に使われている独自のしくみを知りたい方

■ 新着メールを通知する

ここまでに解説したPOPやIMAPは、利用者が受信の操作をして初めてメールを受信していました。しかし、スマートフォンやタブレットではメールを受信する操作をしなくても、メールが届いたときに利用者に通知してくれます。リアルタイムにやり取りできて便利ですが、どのようなしくみで実現されているのでしょうか。

スマートフォンやタブレットに新たなメールが届いたことを通知しようと考えたとき、2通りの考え方があります【図2-12】。

図2-12　新着メールの通知

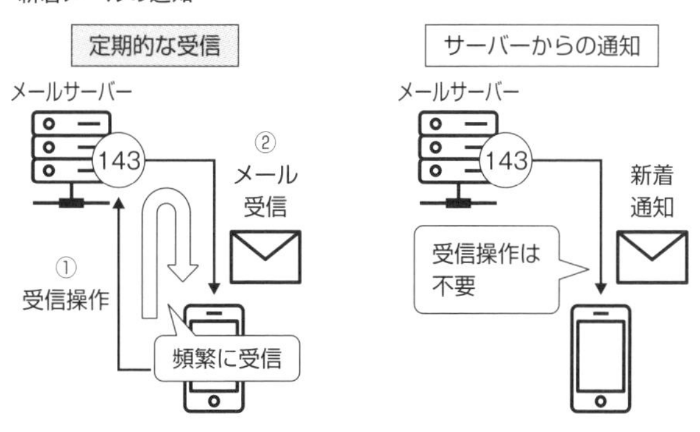

1つは、一定の間隔で端末がメールを受信する処理を繰り返し、新着メールが届いたときに通知する方法です。もう1つは新着メールが届いたときにメールサーバー側からメールソフトに通知する方法です。

まずは一定の間隔でメールを受信する方法について考えます。たとえば、1分に1回メールサーバーにアクセスし、新着メールがないか確認する方法が考えられます。これはシンプルで、既存のしくみを変えなくて済む一方で、1分ごとにメールサーバーにアクセスしていると携帯端末のバッテリーも消費しますし、多くの利用者がいればサーバー側にも負荷がかかります。

この負荷を下げるために、5分に1回や10分に1回といった程度に確認する頻度を減らす方法が考えられますが、そうするとリアルタイム性が失われてしまいます。

そこで、**新着メールが届いたときにサーバー側からメールソフトに通知する方法について考えます**。これは双方の負荷が小さく、リアルタイム性も確保できます。

ただし、サーバーとクライアントの関係は変えられません。サーバーは24時間365日動作していて他のサーバーからのメールを受信する必要がありますので、この役割を一般的なパソコンやスマートフォンが担うことは難しいためです。

そこで、よく使われるのは、クライアントからサーバーへの要求に、サーバー側がすぐに応答せずに待つ方法で、**ロングポーリング**と呼ばれます。サーバー側は要求を受け付けてもすぐに応答せず、サーバー側の状態が変わったときに応答します。クライアント側は応答があると、すぐに次の要求を出すことを繰り返すことで、擬似的にサーバー側からの通知を実現します。

これはサーバーへの負荷が高くなりやすいというデメリットがありますが、比較的容易に実装でき、既存のしくみを大幅に変える必要がないため、メールの通知にも使われています。

次の項でこの方法について詳しく解説します。

■ サーバー側からクライアント側への通知

ロングポーリングを使って新しいメールが届いたことを通知する方法として、IMAPには「IMAP IDLE」という拡張仕様がRFC 2177で定義されています。これは、**新しいメールが到着したときやその他の更新がユーザーのメールボックスで発生したときに、IMAPサーバーがクライアントに通知する機能です。**

これを実現するために、メールソフトがIMAPサーバーへ接続し、「IDLE」というIMAPコマンドをメールソフトが発行します。このコマンドによって、受信操作が完了したあとも、メールソフトとIMAPサーバーとの間で接続を維持し続け、新着メールがあるとメールサーバーからクライアントにリアルタイムで通知するしくみです。

つまり、**IMAP IDLEを使用する場合、端末とメールサーバーは常に接続を維持しており、メールサーバー側から定期的に通信が発生します。**

具体的に、コマンドを使って試してみましょう。まずはtelnetかcurlを使って接続します。

```
$ telnet 192.168.1.2 143
```

そして、ログインするためにIDとパスワードを入力します。

```
a01 LOGIN taro p@ssw0rd
a01 OK LOGIN Ok.
```

ログインが完了すると、メールの一覧を表示します。

```
a02 LIST "" *
```

続いて、メールボックスを選択します。一般的には、「INBOX」という受信箱を選択します。

```
a03 SELECT INBOX
```

ここまでは一般的なIMAPによる通信と同じですが、ここで「IDLE」コマンドを入力し、待受状態を作ります。すると、定期的にサーバー側の情報がクライアント側に送られてきます。

```
a04 IDLE
+ idling
* OK Still here
* 12 EXISTS
* 1 RECENT
* OK Still here
```

この状態で何も操作しない状態にしていると、間隔を開けて「OK Still here」というメッセージが送信されてきます。そして、メールの総数を「EXISTS」という行で、「RECENT」という行で新着のメールを伝えてくれます。

この送信する間隔はメールサーバー側で設定されています。長く設定すれば通信量を減らせますが、リアルタイム性は失われます。また、短く設定すればバッテリーを多く消費し、通信量も多くなります。

ログアウトするには、「LOGOUT」というコマンドを実行します。

```
a05 LOGOUT
```

IMAP IDLE以外にも、さまざまなプロトコルが存在しています。たとえば、Microsoft Exchange ActiveSyncは、Microsoft社のExchangeを使用しているときに、電子メールだけでなくカレンダーや連絡先などの情報を同期するプロトコルです。Exchange ActiveSync は、IMAP IDLE に比べてバッテリーの消費が少なく、セキュリティの面でも優れているといわれていますが、Exchange 以外のサーバーでは使えません。

■ 携帯電話事業者のメール

上記は一般的なメールサーバーを使った場合のしくみですが、**携帯電話事業者が付与するメールアドレスを使う場合は、独自のプロトコルでメールを通信しているといわれています**。

その詳細は公開されていませんが、メールが届いたことを SMS（ショートメッセージ）のようなしくみで端末に通知し、その通知が届いた端末がメールを受信するなどの方法が考えられます **【図 2-13】**。

図 2-13　SMS による新着通知

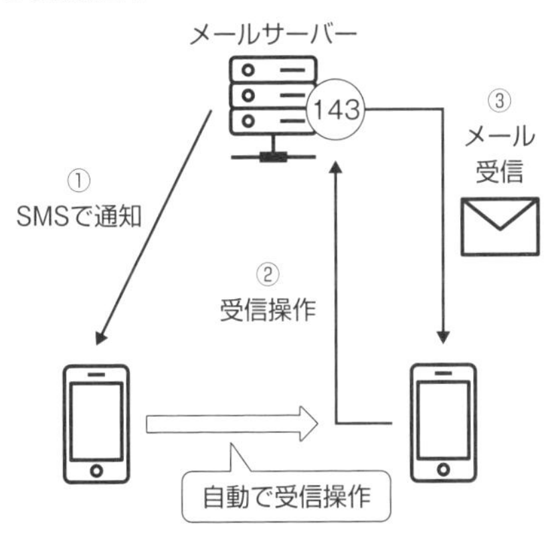

この方法であれば、メールソフトが頻繁にメールサーバーにアクセスする必要もありませんし、常にメールサーバーに接続している必要もありません。

ただし、専用のメールソフトが必要ですし、SMS の送信が必要なため、携帯電話事業者のような組織が管理しているメール以外では使えません。

Exercises 練習問題

Q1 **エラーメールを配送するためのメールアドレスとして正しいものはどれか？**

A）本文中の From　B）エンベロープ From

C）本文中の To　　D）エンベロープ To

Q2 **POP と IMAP を比較したとき、コマンド入力時の特徴として正しいものはどれか？**

A）POP はコマンドで操作できるが、IMAP はコマンドで操作できない

B）POP ではパスワードは不要だが、IMAP ではパスワードが必要である

C）IMAP ではコマンドの前に識別子の入力が必要である

D）POP より IMAP のほうが高速にメールを処理できる

Q3 **メールヘッダーとして必須のフィールド名はどれか？**

A）Date　B）Content-Type　C）Sender　D）Return-Path

Q4 **OP25B で使われている「サブミッションポート」について正しいものはどれか？**

A）メールの送信に使われている 25 番ポートを指す

B）メールの受信に使われている 110 番ポートや 143 番ポートを指す

C）メールの送信に使われる 465 番ポートを指す

D）メールの送信に使われる 587 番ポートを指す

正解）Q1：B、Q2：C、Q3：A、Q4：D

第3章

メールサーバーの構築とDNSの設定

第２章では、メールソフトの動作を確認しながら、メールサーバーとの間でどのような通信が行われているのかを解説しました。本章では、メールサーバーの構築を通じて、サーバー側でのメールの保管や転送のしくみに加えて、他のメールサーバーとの間の通信について解説します。

3 - 1

メールサーバーの種類

使えるのはこんな人や場面！

- メールサーバーの種類を知りたい方
- グループウェア一体型の製品について知りたい方

■ 代表的な SMTP サーバー

SMTP サーバーを構築するソフトウェアとして Sendmail や Postfix、qmail、Exim などが有名です。過去には Sendmail が広く普及していましたが、最近は Postfix が多く使われています。

また、一般の利用者同士がメールのやり取りに使う SMTP サーバーだけでなく、システムからメールを送信するような使い方であれば、クラウド型で提供されるサービスも多く使われています**【表 3-1】**。

表 3-1　システムからの送信に使われるサービス

サービス名	特徴
SendGrid	独自の API を使ってメールだけでなく SMS なども配信できる。大量のメールの配信にも向いている。
Amazon SES	AWS（Amazon Web Services）のメール送受信サービスで、大規模かつ信頼性が求められるものに向いている。
Postmark	商品の購入や会員登録など、利用者の操作に対して送信されるトランザクションメールに特化している。
Mailgun	開発者向けのメール配信サービスで、さまざまなプログラミング言語から API を使って手軽にメールを送信できる。
Brevo（旧 SendinBlue）	ニュースレターなどに使えるテンプレートや、メールの自動化を実現するワークフローなどを備える。

■ 代表的なPOPサーバーとIMAPサーバー

POPサーバーやIMAPサーバーを構築するソフトウェアとしてはDovecotが有名です。DovecotはPOPとIMAPの両方に対応しており、メモリの使用量が少なく、パフォーマンスに優れているため、多くの利用者がいるサービスでも使用できます。

古くから使われているIMAPサーバーとしては「Courier IMAP」があります。IMAPだけでなくPOPもサポートしていますが、Dovecotに比べると設定が少し難しい印象です。

その他、以前のmacOSで採用されていたメールサーバーとして、Cyrus IMAP serverがあります。これもIMAPだけでなくPOPなどにも対応しています。

現在では、Dovecotが圧倒的な人気を集めており、本書でもDovecotを使って構築することにします。

memo

Webメールを実現するソフトウェアとして、SquirrelMailやRoundcubeなどの製品があります**【表3-2】**。レンタルサーバーなどではWebメールの標準的なソフトウェアとして使われていることから、気づかないうちに使っている人もいるかもしれません。

表3-2 Webメールを実現するソフトウェアの例

名前	特徴
SquirrelMail	シンプルで必要最低限の機能を提供し、軽量であることが特徴。モダンなUIや豊富な機能を求めるユーザーには物足りない一面もある。
Roundcube	モダンなデザインで多言語対応やプラグインによる拡張など豊富な機能を備える。

■ グループウェア一体型の製品

自社でSMTPサーバーやPOPサーバー、IMAPサーバーを構築するのではなく、クラウド型のメールサーバーを使用する企業も増えています。サーバーを構築すると、その運用に手間がかかるため、このようなサービスを利用するのはセキュリティ面でも有効です。

クラウド型の場合、SMTPやPOP、IMAPといったメールの機能に特化するのではなく、グループウェアの1つとしてメールの送受信の機能を備えているものが多いです【図3-1】。

図3-1　グループウェアの機能

コミュニケーション	情報共有	業務効率化
・メール ・チャット ・Web会議 ・掲示板 ……など	・ファイル共有 ・プロジェクト管理 ・タスク管理 ・アンケート ……など	・設備予約 ・スケジュール管理 ・申請・承認 ・勤怠管理 ……など

たとえば、企業向けのGmailを含む「Google Workspace」や、Microsoftの「Outlook.com」や「Exchange Online」などが有名です。その他にも、「Zimbra Collaboration Suite」や「Zoho」、「ProtonMail」、「Horde」などさまざまな製品が提供されています。

クラウドで提供されているサービスを利用する以外にも、メール以外のさまざまな機能を備えた製品を社内で構築して運用したい場合は、Exchangeサーバーなどを導入する方法もあります。

本章では、SMTPサーバーとしてPostfixを、POPサーバーやIMAPサーバーとしてDovecotを使ってサーバーを構築します。

3-2

SMTP サーバーの構築

使えるのはこんな人や場面！

- SMTP サーバーを構築するとき
- Postfix を VPS 上の Linux にインストールするとき
- 一般的なメールソフトからメールを送信できるように SMTP サーバーを設定するとき

■ Postfix をインストールする

一般的なプロバイダを使用していれば、プロバイダが提供するメールサーバーを使用してメールを送信できます。また、レンタルサーバーを使うのであれば、その事業者が用意しているメールサーバーを使うだけです。

このため、独自ドメインを使うときも自分でメールサーバーを構築する機会は減りました。しかし、メールのしくみを知るうえではメールサーバーを構築することで学ぶことが多いものです。

ここでは、VPS（Virtual Private Server）を使ってメールサーバーを構築することを考えます。1 日単位で数十円から契約できる VPS の事業者もありますので、自分に合ったサービスを契約してください。もちろん、自宅で余っているパソコンに Linux を導入して構築することもできます。

memo

第 2 章で解説した 25 番ポートによる送信を試したい場合は、自宅にある使用していないパソコンなどに Linux を導入してメールサーバーを構築する方法の他、複数の VPS を契約し、一方の VPS からメールサーバーを構築した VPS に接続する方法があります。

ここでは、**図 3-2** のような受信側の SMTP サーバーを構成します。

図 3-2　構築する SMTP サーバーの範囲

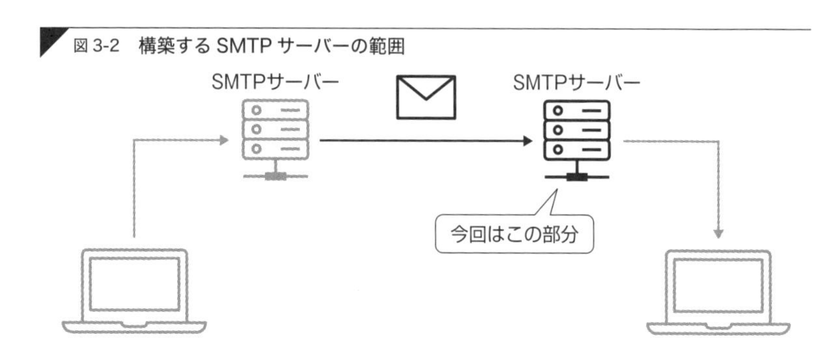

これは、他の SMTP サーバーからのメールを受信するための SMTP サーバーです。つまり、送信するユーザーの認証は必要ありませんが、外部から接続できる必要があり、届いたメールをメールボックスに保存するように設定します。

SMTP サーバーを構築し、このサーバーにメールを送信できる環境を整えるには、次のような手順が必要です。

1. OS のインストール
2. SMTP サーバーソフトウェアのインストール
3. SMTP サーバーの設定
4. ファイアウォールの設定
5. メールアカウントの作成
6. メールクライアントの設定

まずは OS のインストールから始めます。一般的なメールサーバーでは OS に Linux や Windows Server などが使われます。上記で解説した Postfix や Dovecot は Linux が事実上の業界標準となっているため、Linux を使うことにします。

最近では、サーバーを構築するLinuxとしてCentOSやその後継製品が多く使われています。本書ではLinuxとしてAlma Linux[※1]を使用しますが、Rocky LinuxなどCentOSと同じようなディストリビューションであればコマンドや設定は基本的に変わりません。

Linuxのインストールは、公式サイトからISOファイルをダウンロードしてUSBメモリなどに書き込んでコンピュータを起動するだけです。VPSの場合はテンプレートが用意されていて、簡単にインストールできるサービスも多いものです。

インストールが完了すると、次のコマンドでシステムを最新にします[※2]。「-y」というオプションは、確認を求められたときに自動的に「yes」を回答するものです。

```
# dnf -y upgrade
```

memo

本書では、このように「#」で始まるコマンドは、管理者権限で実行することを意味します。

さらに、次のコマンドで、SMTPサーバーとしてPostfixをインストールします。

```
# dnf install -y postfix
```

インストールが完了したら、Postfixを設定します。Postfixでは、設定ファイルである「/etc/postfix/main.cf」というファイルを編集します。このような設定ファイルの編集には、「vi」などのテキストエディタを使用します。

p.112は、この設定ファイルからコメントや空行を割愛したもので、ホスト名やIPアドレスなど太字にした部分を変更して保存します。

※1 Alma Linuxの9.2のminimal版を使用。
※2 dnfコマンドは以前のyumコマンドと同等だという認識で十分。

/etc/postfix/main.cf

```
compatibility_level = 2
queue_directory = /var/spool/postfix
command_directory = /usr/sbin
daemon_directory = /usr/libexec/postfix
data_directory = /var/lib/postfix
mail_owner = postfix
myhostname = mail.example.com ←ホスト名を指定
mydomain = example.com ←ドメイン名を指定
myorigin = $mydomain ←メールアドレスの@以下に使うもの（上記）
inet_interfaces = all ←すべてのIPアドレスからメールを受け取る
inet_protocols = all
mydestination = $myhostname, localhost.$mydomain, localhost,
$mydomain
← 自ドメイン宛のメールを受信できるようにする
unknown_local_recipient_reject_code = 550
mynetworks = localhost ←このサーバーからしかメールを送信できない
relay_domains = $mydomain
alias_maps = hash:/etc/aliases
alias_database = hash:/etc/aliases
home_mailbox = Maildir/ ←Maildir形式にする
debug_peer_level = 2
debugger_command =
          PATH=/bin:/usr/bin:/usr/local/bin:/usr/X11R6/bin
          ddd $daemon_directory/$process_name $process_id & sleep 5
sendmail_path = /usr/sbin/sendmail.postfix
newaliases_path = /usr/bin/newaliases.postfix
mailq_path = /usr/bin/mailq.postfix
setgid_group = postdrop
html_directory = no
manpage_directory = /usr/share/man
sample_directory= /usr/share/doc/postfix/samples
readme_directory = /usr/share/doc/postfix/README_FILES
smtpd_tls_cert_file = /etc/pki/tls/certs/postfix.pem
smtpd_tls_key_file = /etc/pki/tls/private/postfix.key
smtpd_tls_security_level = may
meta_directory = /etc/postfix
shlib_directory = /usr/lib64/postfix
```

ここで、p.112以外の設定がコメント(「#」で始まる行)になっていることも確認してください。たとえば、「inet_interfaces」の行が複数有効になっていると、下の行が使われるため、「inet_interfaces=all」になっていないと外部からSMTPサーバーに接続できません。

なお、検証するだけであればホスト名やドメイン名は適当なもので構いません。この例で記載している「example.com」でも問題ありません。

上記の設定ファイルの変更が完了したら、コマンドでPostfixのメールサービスを起動します。

```
# systemctl restart postfix
```

Postfixが問題なく起動しているか確認するには、次のコマンドを実行して「active」と表示されていればOKです。

```
# systemctl is-active postfix
```

次回以降もOSの起動時にPostfixが自動的に起動するように設定するには、次のコマンドを実行します。

```
# systemctl enable postfix
```

Alma Linuxでは、セキュリティを強化するために、外部からのアクセスを遮断するファイアウォールが初期設定で有効になっています。このため、外部からSMTPなどで通信できるようにするには、ファイアウォールでSMTPの通信を許可する必要があります。

たとえば、次のコマンドを実行すると、現在のフィルタリング設定を確認できます。

```
# firewall-cmd --list-all
```

この実行結果の「services」や「ports」を見ると、使用できるプロトコルやポート番号がわかります。たとえば、以下のように表示されている場合は、「cockpit」と「dhcpv6-client」、「ssh」のみを受け付けており、SMTPなどではアクセスできません。

```
public (active)
  target: default
  icmp-block-inversion: no
  interfaces: eth0
  sources:
  services: cockpit dhcpv6-client ssh
  ports:
  protocols:
  forward: yes
  masquerade: no
  forward-ports:
  source-ports:
  icmp-blocks:
  rich rules:
```

SMTPで送信できるように許可するには、次のコマンドを入力します。1つ目でfirewalldというファイアウォールの管理サービスを再起動し、2つ目でSMTPに対する接続を許可します。「--permanent」オプションは設定を永続的にするもので、再起動しても変更が保持されます。そして、最後のコマンドで変更した設定をfirewalldに読み込ませて反映します。

```
# systemctl restart firewalld
# firewall-cmd --add-service=smtp --permanent
# firewall-cmd --reload
```

次に、メールを保存する場所を用意します。p.112の「main.cf」にて保存先を「Maildir」と指定したので、Maildirを作成します。第2章で解説したように、Maildirは1つのファイルに1つのメールを格納する形式でした。

そして、「new」「cur」「tmp」という3つのディレクトリでメールを管理しました。これらのディレクトリを作成するには、次のコマンドを実行します。

```
# mkdir -p /etc/skel/Maildir/{new,cur,tmp}
# chmod -R 700 /etc/skel/Maildir/
```

この「/etc/skel」というのはアカウントを作成するときのひな型となるディレクトリです。このディレクトリを作ったあとでアカウントを作成すると、このディレクトリと同じ構成で作成されます。

このため、「mkdir」コマンドでディレクトリを作成し、「-p」というオプションで「skel」や「Maildir」というディレクトリが存在しなくても新規作成します。さらに、「chmod」コマンドでパーミッションを所有者以外が読み込みできないように設定しています。これで、作成したユーザーだけが自分のディレクトリやファイルに対して閲覧、書き込み、実行などができ、他のユーザーは閲覧すらできないようにしています。

memo

パーミッションはLinux系のOSにおいて、ユーザーやグループごとにアクセス権限を設定するしくみです。ファイルやフォルダの所有者、その所有者が所属するグループ、その他のユーザーに対して「読み込み」「書き込み」「実行」の権限を設定できます。

続いて、アカウントを作成します。このサーバー上で一般ユーザーのアカウントを作成し、パスワードを設定しておきます。

```
# useradd -m taro
# passwd taro
```

ここまでできれば、第2章で解説したようなTelnetによるメール送信が可能になります。構築したサーバーのIPアドレスに対して、Telnetで25番ポートにアクセスして、上記で作成したユーザーのメールアドレスに対してメールを送信してください。

具体的には、次のようなコマンドを入力します（応答内容は省略します）。

```
$ curl -v telnet://localhost:25
HELO masuipeo.com
MAIL FROM: info@masuipeo.com
RCPT TO: taro@example.com
DATA
From: info@masuipeo.com
To: taro@example.com
Subject: Hello!

This is a test mail.
.
QUIT
```

すると、そのユーザーのホームディレクトリにある「Maildir/new」というディレクトリにメールのファイルが作成されます。たとえば、次のコマンドで該当のユーザーでログインして、ディレクトリのファイル一覧を表示するとメールが届いていることを確認できます。

```
# su - taro
$ ls Maildir/new
```

ここまでであれば、p.112の「main.cf」に指定したドメインを所有している必要もありません。外部からメールを送信するのではなく、Telnetでアクセスするのであれば、このメールサーバー内にメールを送信するだけですので、

「example.com」の他、適当なドメインでもメールサーバーは構築できることがわかります（実際に運用するときには適切なドメインを取得し、後述するDNSの設定などを実施してください）。

■ 役割に応じたSMTPサーバーを設定する

Telnet で SMTP サーバーに直接接続すればメールを送信できるようになりましたが、外部から通常のメールソフトでメールを送信できるようにしたいものです。つまり、メールを送信する側のメールサーバーを構築することを考えます **【図 3-3】**。

図 3-3　構築するメールサーバーの範囲

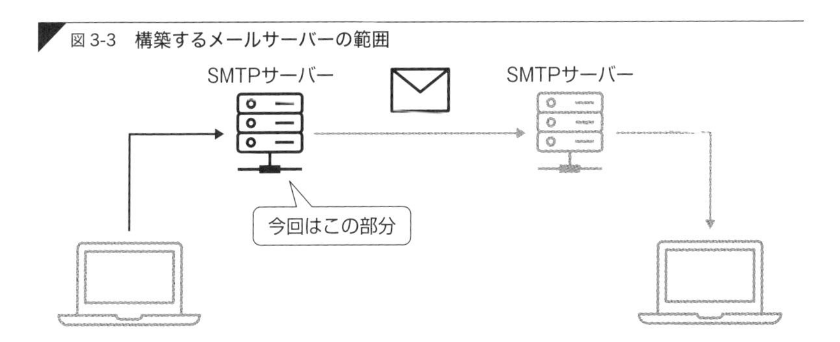

ここで、**一般的なメールソフトからメールを送信できるようにするには、第2章で解説したような SMTP AUTH の設定を追加します。** つまり、SMTP AUTH で認証を通過したユーザーだけがこのサーバーからメールを送信できるように制限します。

この認証方法として、第2章でも登場した SASL を使います。SASL のライブラリとして、「Cyrus-SASL」や「Dovecot-SASL」がよく使われます。本書では、次の 3-3 節で Dovecot を導入するため、「Dovecot-SASL」を使用します。

SMTP AUTH のサブミッションポートを Postfix で待ち受けて、Postfix から Dovecot の認証情報を利用する方法もありますが、Dovecot にサブミッションポートのサービスが実装されているため、これを使うことにします。

具体的なDovecot-SASLを使った設定は、3-3節でDovecotをインストールしてから解説します。

本書では、上記で解説した送信側と受信側という2つの役割のSMTPサーバーを構築しましたが、それ以外にも、さまざまな種類のSMTPサーバーが考えられます。

SMTPリレーサーバー

次のメールサーバーにメールを転送する役割を担うSMTPサーバーです。届いたメールが信頼できるメールサーバーから送信されていることを確認するときは内部的な認証プロセスを実行します。

スパムメールが送信されることを防ぐため、認証することなく外部にメールを転送することは制限または禁止されていることがほとんどです。その他、3-4でもう少し詳しく解説します。

SMTPゲートウェイサーバー

異なるメールシステム間でメールを転送できるようにするSMTPサーバーです。SMTP以外のプロトコルを使うシステムと、SMTPを使うシステム間でメールを転送します。

このとき、受け取ったメールを適切な形式に変換し、他のシステムが処理できるようにします。

内部SMTPサーバー

ネットワーク内のユーザー間でメールを送信できるようにするSMTPサーバーです。企業ネットワークの内部で、従業員同士のやり取りを可能にします。

多くの場合、ネットワーク内部の送信先しか許可しないように設定されています。

このように、どのような役割でSMTPサーバーを使うのかを意識して構築する必要があります。

3-3

POP サーバー、IMAP サーバーの構築

使えるのはこんな人や場面！

- POP サーバーや IMAP サーバーを構築するとき
- Dovecot を VPS 上の Linux にインストールするとき
- Dovecot-SASL を使って、SMTP AUTH で認証させるとき

■ Dovecot をインストールする

前節で構築した 1 つ目の SMTP サーバーによって、外部からメールを受信できるようになりました。そして、届いたメールは Maildir に格納されています。このメールを利用者がメールソフトを使って受信できるように受信メールサーバーを構築します。

POP サーバーや IMAP サーバーを構築するとき、Dovecot を使うことにしましたが、これを Postfix などの送信サーバーと同じコンピュータで構成することもあれば、別々のコンピュータで構成することもあります。本書では、検証用として動作を確認することが目的なので、同じコンピュータ（VPS）で両方のサーバーを動作させることにします。

memo

複数のサーバーを動作させるときは、リソース（CPU、メモリ、ストレージ、ネットワーク帯域など）の確保が必要です。これらが不足するとパフォーマンスの低下やサーバーダウンなどが発生するため、本番環境で稼働させるときは、必要な性能について事前に検証が必要です。

Dovecotをインストールするには、次のコマンドを実行します。

```
# dnf install -y dovecot
```

Dovecotのインストールが終わると、設定ファイルを編集します。Dovecotの設定ファイルは「dovecot.conf」というファイルです。このファイルは初期設定では多くがコメントですが、以下の太字部分を変更します。

/etc/dovecot/dovecot.conf

```
...
protocols = imap pop3 submission
...
listen = *, ::
...
```

ここで「protocols」に指定しているものが、IMAPとPOPに加えて、Submissionです。SMTP AUTHで使うサブミッションポートの役割をDovecotが備えていますので、これも有効にしておきます。

また、「listen」の行では、IPアドレスを指定します。「*」を指定するとIPv4のすべてのIPアドレスが、「::」を指定するとIPv6のすべてのIPアドレスがアクセスできます。IPv4のみしか使わない場合は「listen = *」という指定で十分です。

次に、メールボックスを「10-mail.conf」というファイルで設定します。PostfixでMaildirに保存したので、ここもMaildirを指定します。

/etc/dovecot/conf.d/10-mail.conf

```
...
mail_location = maildir:~/Maildir
...
```

さらに、ユーザーを認証する設定ファイルである「10-auth.conf」を編集します。次のように記述すると、暗号化なしで認証できるようになります。初期設定のままでは、このファイルの末尾に「!include auth-system.conf.ext」という部分のみが有効になっており、「PAM 認証」と呼ばれる、システムに登録したユーザーの ID とパスワードでログインします。

Postfix の解説では「taro」というユーザーを作成したので、このユーザー名とパスワードでログインできます。

/etc/dovecot/conf.d/10-auth.conf

```
...
disable_plaintext_auth = no
...
```

この「disable_plaintext_auth = no」という記述は平文のパスワード認証を許可します。そして、SSL/TLS の設定をします。

/etc/dovecot/conf.d/10-ssl.conf

```
...
ssl = no
...
```

ここでは簡易的にメールの受信ができることを確認するために SSL/TLS の設定を外していますが、実際に運用する場合は暗号化する設定を加えてください。

上記の設定ファイルの変更が完了したら、コマンドで Dovecot のメールサービスを起動します。

```
# systemctl restart dovecot
```

問題なく起動しているか確認するには、次のコマンドを実行して「active」と表示されていればOKです。

```
# systemctl is-active dovecot
```

次回以降もOSの起動時に自動的に起動するように設定するには、次のコマンドを実行します。

```
# systemctl enable dovecot
```

外部からPOPやIMAPで通信できるようにするには、ファイアウォールでPOPやIMAPの通信を許可します。以下ではPOPで受信できるように設定しています。

```
# systemctl restart firewalld
# firewall-cmd --add-service=pop3 --permanent
# firewall-cmd --reload
```

ここまで設定できたら、第2章で解説したTelnetでアクセスしてみます。Postfixの設定で作成したユーザーでログインすると、届いたメールを確認できます。

■ Dovecot-SASLで認証して送信する

送信側のSMTPサーバーにおいて、Dovecot-SASLでSMTP AUTHを使えるようにするには、リレーホストの設定を行います。

/etc/dovecot/conf.d/20-submission.conf

```
...
submission_relay_host = localhost
...
```

Dovecotを再起動し、ファイアウォールで587番ポートを開きます。

```
# systemctl restart dovecot
```

```
# systemctl restart firewalld
# firewall-cmd --add-service=smtp-submission --permanent
# firewall-cmd --reload
```

この設定後、Telnetを使って587番ポートに接続し、25番ポートのときと同じように入力すると、次のように認証を求めるエラーメッセージが表示されます。

```
$ curl -v telnet://192.168.1.2:587
220 mail.example.com Dovecot ready
HELO masuipeo.com
250 mail.example.com
MAIL FROM: info@masuipeo.com
530 5.7.0 Authentication required.
```

このため、接続したあとはMAIL FROMによる送信者の入力の前にユーザー名とパスワードを送信しなければなりません。ここでは平文で認証しますが、Base64でエンコードした値を送信する必要があります。ユーザー名とパスワードをBase64で変換するには、次のコマンドを実行します。

```
$ printf "\0%s\0%s" taro p@ssw0rd | base64
```

そして「AUTH PLAIN」に続けて、前ページの「base64 コマンド」で出力された文字を送信します。

```
$ curl -v telnet://192.168.1.2:587
220 mail.example.com Dovecot ready
HELO masuipeo.com.com
250 mail.example.com
AUTH PLAIN (base64 の値)
235 2.7.0 Logged in.
```

これにより、ログインが完了したので、あとは 25 番ポートで接続したときと同じように入力するだけです。宛先（To）に自身のメールアドレスを入力し、差出人（From）にも同じ自身のメールアドレスを入力して送信してみてください。

このメールサーバーにはドメインなどを設定しなくても、メールを送信できることがわかります。逆に考えると、第三者になりすまして勝手にメールを送信できることも意味します。

そして、コマンドで送信するだけでなく、メールソフトからも送受信できることを確認します。Thunderbird などのメールソフトを使って、サーバーの IP アドレスとポート番号、ユーザー名、パスワードを設定して送受信を試してみてください。

まだドメインを設定していないため、外部のメールサーバーからこのメールサーバーにメールアドレスを指定して送信することはできませんが、メールサーバーに直接送信したメールは受信できますし、このメールサーバーからインターネット経由でメールを送信することもできます[※3]。

次の節で、ドメインと対応づけることで、外部のメールソフトからこのサーバーに向けてメールを送信し、作成したメールサーバーによる送受信が可能になります。

暗号化設定などセキュリティ面は考慮していませんので、実際の利用にはご注意ください。暗号化については、第 6 章で解説します。

※3 Gmailに送信すると、SPFなどの設定が正しくないと拒否されることがあるが、一般的なレンタルサーバーなどのメールアドレスには送信できる。

3 - 4

DNSを設定する

使えるのはこんな人や場面！

- DNSを設定するときや設定を確認するとき
- メールサーバーやWebサーバーを移行するとき
- IPアドレスからドメイン名を調べたいとき

■ レジストリとレジストラ

構築したメールサーバーに対して、外部のメールソフトからメールを送信し、配送されてくるようにするには、構築したメールサーバーとドメインを対応づける必要があります。

つまり、メールアドレスのドメイン名の部分から、対応するメールサーバーのIPアドレスを得られるように設定します。この設定はDNSでできることを第1章で解説しました。

そして、DNSの情報は階層化と委任によって分散管理されていることを解説しました。このとき、誰もが勝手にドメイン名を割り当てて使用できるわけではありません。

世界中で使われている「.com」や「.net」、「.jp」などのTLD（トップレベルドメイン）を管理する組織を**レジストリ**といい、**レジストリはTLD内の全ドメインに関する情報を保持しています**。

新しいドメイン名を使用するには、レジストリに対して登録を申請し、審査を通過し、レジストリが管理するデータベースに登録されることで、申請者がそのドメイン名を使用できるようになります。レジストリはTLDごとに存在し、たとえば、「jp」というTLDを管理しているレジストリとして、株式会社日本レジストリサービス（JPRS）があります。

ただし、利用者がレジストリに直接申請してドメイン名を取得することは一般的ではありません。多くの場合、申請を取り次ぐ役割を担う**レジストラ**という組織に登録を依頼します。レジストラは、レジストリとやり取りをして、ドメインの登録や更新、削除などを担当します。さらに、そのレジストラと契約し、登録を代理する**リセラー**と呼ばれる組織もあります**【図 3-4】**。

図 3-4　レジストリとレジストラ、リセラーの関係

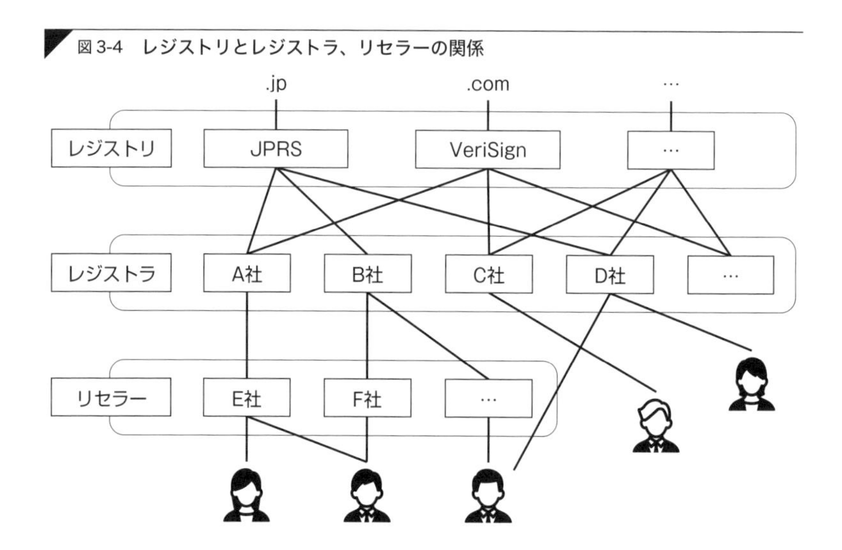

レジストラやリセラーによって、値段やサポート内容、提供するサービスに違いがあるため、ドメインを取得したい人はそれらを比較して、ニーズに合ったレジストラやリセラーを選びます。

ドメインを購入し、レジストリにてドメイン名の登録が完了しても、そのドメインにアクセスできるようになるわけではありません。**登録したドメイン名を使うためには、次の 3 つが必要です。**

1. DNS サーバーをインターネット上に用意する
2. DNS サーバーに、ホスト名と IP アドレスの対応を登録する
3. DNS サーバーの情報をレジストラの管理画面や設定画面で登録する

第1章で解説したように、DNSサーバーにはフルサービスリゾルバー（DNSキャッシュサーバー）と権威DNSサーバー（DNSコンテンツサーバー）がありました。ここで解説しているDNSサーバーとは、権威DNSサーバーのことです。フルサービスリゾルバーの構築についてはメールの送受信とは関係ないため、今回は省略します。

memo

ドメインの購入に必要な金額はTLDによって異なります。「.com」や「.net」などは年間1000円程度で取得でき、ほぼ同じ金額で更新できます。ドメインによっては1円や数十円程度で取得できるものもあります。しかし、これらは更新時に数千円の費用が必要なこともあるため、取得時だけでなく更新時の費用も確認しておかなければなりません。
また、ドメインの種類によっては、購入にあたって条件があります。たとえば、「.co.jp」というドメインの取得には、「日本国内で登記を行っている」という条件があります。つまり、株式会社や有限会社、合同会社、合名会社、合資会社などの組織でないと取得できません。商品名などでドメインを取得したい場合は、「.com」や「.jp」などを取得します。
なお、一時的なキャンペーンなどでドメインを取得した場合、更新しないと失効となり、第三者がそのドメインを取得できます。一定の利用者を集めたサービスなどの場合は、失効したあとで詐欺サイトなどに使われる可能性がありますので、基本的には長期にわたって保有することを前提に取得してください。

■ DNS情報の登録

まずは一番簡単な例として、VPSやレンタルサーバーを使用する方法を解説します。この場合は、事業者がDNSサーバーを提供しており、自身でDNSサーバーを構築する必要はありません。そして、実際に運用する場合も、事業者が提供するものを使用したほうが確実です。

このDNSサーバーはすでにレジストラに登録されているので、前項で解説した3つの手順のうち、必要なのは「2. DNSサーバーに、ホスト名とIPアドレスの対応を登録する」という項目のみです。

DNSにおいて、ドメイン名とIPアドレスの対応表を**ゾーンファイル**といい、そのそれぞれの行を**DNSレコード（リソースレコード）**といいます。ドメイン名が1つであっても、Webサイトの閲覧であればWebサーバーのIPアドレスが、メールの送信であればメールサーバーのIPアドレスが必要なので、多くの場合、ゾーンファイルには複数のDNSレコードが存在します。

DNSレコードは、それぞれの行の役割を明示して記述します。具体的には、「ホスト名」「タイプ（種別）」「クラス」など**表3-3**の5つの項目で構成されています。

表3-3 DNSレコードの構成

項目	内容
ホスト名	設定するサーバーのホスト名を指定する。
TTL	Time To Liveの略。フルサービスリゾルバーがキャッシュしてよい時間を秒単位で指定する。
クラス	ネットワークの種類。基本的には「インターネット」を意味する「IN」を指定する。
タイプ（種別）	次のページで解説するタイプ（種別）を指定する。
データ	クラスとタイプによって決まるデータを指定する。

たとえば、次のようなDNSレコードがあります。

```
masuipeo.com.    3600    IN     A     162.43.116.155
```

これは、「masuipeo.com」というサーバーについて、TTLに3600を、クラスに「IN」を、タイプに「A」を、データに「162.43.116.155」を設定していることを表しています。このように、ドメイン名の最後にはピリオド（.）をつけることに注意してください。

TTLは、問い合わせたフルサービスリゾルバーが取得した値をキャッシュする時間です。第1章で解説したように、フルサービスリゾルバーは、一度問い合わせた内容をキャッシュします。これにより、2回目以降は同じ問い合わせをする必要がなく、名前解決の負荷や時間を軽減できます。

しかし、キャッシュがあると、権威DNSサーバー側で値を変更しても反映されません。キャッシュされる時間を長くすると負荷は軽減できますが反映が遅くなり、短くするとすぐに反映されますが負荷が高まります。

このため、サーバーの種類に合わせてキャッシュする時間をTTLで設定します。たとえば、TTLとして300を指定すると、300秒＝5分間だけフルサービスリゾルバーは応答をキャッシュできます。ここで指定している3600は3600秒＝1時間を意味しています。

タイプ（種別）としてよく使われるのは**表3-4**の通りです。

表3-4　DNSレコードのタイプ

タイプ	指定する内容
A	IPv4アドレス
AAAA	IPv6アドレス
NS	ネームサーバーのホスト名
MX	メールサーバーのホスト名と優先度
TXT	人間が読むためのメモに加え、SPFやDKIMなどの情報
SOA	管理するゾーンについてのさまざまな情報

上記で指定している「A」はIPv4アドレスを表しています。その他にも、「NS」はネームサーバーを意味し、そのドメインの権威DNSサーバーを示しています。つまり、次のようなレコードがあると、「example.com」についてのDNS情報は「ns1.example.com」や「ns2.example.com」というDNSサーバーに問い合わせることを意味します。

```
example.com.    3600    IN    NS    ns1.example.com.
example.com.    3600    IN    NS    ns2.example.com.
```

レンタルサーバーを使用している場合には、自前でDNSサーバーを構築することはなく、レンタルサーバーが用意したDNSサーバーの名前を指定することが一般的です。

なお、TTLを個別に指定することもできますが、実際には、タイプとして「SOA（Start Of Authority）」を指定したレコード（SOAレコード）を使って、TTLなどの設定を記述し、それ以降の行ではTTLを個別に指定しない記述がよく使われます。

本書では、メールについて解説しているため、ここでは「MX」というタイプを指定するDNSレコードのみ解説します。これを**MXレコード**といいます。MXレコードは、メールサーバーのアドレスをドメイン名に関連づけるもので、メールを配信するメールサーバーを決定するために使われます。

メールを送信するとき、送信元のメールサーバーは宛先のドメイン名を見てDNSサーバーに問い合わせを行い、MXレコードを取得します。つまり、**MXレコードに記載されているホスト名に対応するIPアドレスのメールサーバーに対し、**SMTPプロトコルを使用してメールを送信します。メールサーバーは、メールを受け取り、宛先のメールボックスに格納します。

このとき、MXレコードとして複数のメールサーバーを指定できます。その中で優先的に使用するメールサーバーを指定できるように、MXレコードには「優先度」の項目が用意されています。**たとえば、次のようにメールサーバーの優先度とアドレスを複数指定します。**

```
example.jp. IN MX 10 mx1.example.jp.
example.jp. IN MX 20 mx2.example.jp.
mx1.example.jp. IN A 192.0.2.2
mx2.example.jp. IN A 192.0.2.3
```

メールサーバーの優先度は数字で表され、数字が小さいほど優先度が高いことを意味します。上記の場合は、「example.jp」というドメインに対して、「mx1.example.jp」と「mx2.example.jp」という2つのメールサーバーが用意されており、優先度としてそれぞれ「10」と「20」が設定されています。

つまり、最初に「mx1.example.jp」というメールサーバーに配信を試み、接続できなかった場合に「mx2.example.jp」に配信を試みることを意味しています。優先度が同じレコードが複数記述されていた場合は、ランダムな順序で配信を試みます。前ページの指定ではさらに、それぞれのサーバーの IP アドレスを A レコードで記述しています。

実際に、MX レコードを設定してみましょう。まずは DNS サーバーの設定画面にログインします。VPS やレンタルサーバーでは、管理者画面から DNS の設定画面が用意されています【図 3-5】。

図 3-5　DNS の設定画面の例

このような画面で、メールサーバーのホスト名に対し、種別の欄で「MX」を選び、内容の欄にホスト名を入力し、TTL や優先度を設定すれば完了です。あとはここで設定したドメインで、作成したユーザー名にメールを送信すれば届くはずです。

■ DNS の設定を確認する

DNS 情報が正しく設定できたことを確認するために、一般的にはコマンドラインツールで問い合わせる方法が使われます。Windows や macOS では「nslookup」というコマンドが標準で用意されています。

たとえば、「shoeisha.co.jp」に対して「nslookup」を実行すると、次のような結果が得られました。

```
$ nslookup shoeisha.co.jp
Server:         2001:268:fd07:4::1
Address:  2001:268:fd07:4::1#53

Non-authoritative answer:
Name:  shoeisha.co.jp
Address: 114.31.94.139
```

MX レコードを確認するには、次のように「-type=mx」というオプションを追加します。

```
$ nslookup -type=mx shoeisha.co.jp
Server:         2001:268:fd07:4::1
Address:  2001:268:fd07:4::1#53

Non-authoritative answer:
shoeisha.co.jp  mail exchanger = 10 alt4.aspmx.l.google.com.
shoeisha.co.jp  mail exchanger = 1 aspmx.l.google.com.
shoeisha.co.jp  mail exchanger = 5 alt1.aspmx.l.google.com.
shoeisha.co.jp  mail exchanger = 5 alt2.aspmx.l.google.com.
shoeisha.co.jp  mail exchanger = 10 alt3.aspmx.l.google.com.

Authoritative answers can be found from:
alt2.aspmx.l.google.com  internet address = 142.250.115.27
alt2.aspmx.l.google.com  has AAAA address 2607:f8b0:4023:1004::1a
alt3.aspmx.l.google.com  internet address = 64.233.171.27
alt4.aspmx.l.google.com  internet address = 142.250.152.27
aspmx.l.google.com      internet address = 173.194.174.27
aspmx.l.google.com      has AAAA address 2404:6800:4008:c1b::1a
alt1.aspmx.l.google.com  internet address = 142.250.141.26
alt1.aspmx.l.google.com  has AAAA address 2607:f8b0:4023:c0b::1a
```

最近では、「dig」というコマンドのほうが豊富な情報を得られることから、よく使われています。Windowsには搭載されていませんが、次ページのようにBINDのインストールと合わせてLinux上で試す方法もあります。また、macOSでは標準でインストールされています。

digコマンドでmxレコードを調べるには、次のようにコマンドと合わせて「mx」を追加します。

```
$ dig shoeisha.co.jp mx
～省略～
;; QUESTION SECTION:
;shoeisha.co.jp.              IN  MX

;; ANSWER SECTION:
shoeisha.co.jp. 28800   IN  MX  1 aspmx.l.google.com.
shoeisha.co.jp. 28800   IN  MX  5 alt1.aspmx.l.google.com.
shoeisha.co.jp. 28800  IN  MX  5 alt2.aspmx.l.google.com.
shoeisha.co.jp. 28800   IN  MX  10 alt3.aspmx.l.google.com.
shoeisha.co.jp. 28800   IN  MX  10 alt4.aspmx.l.google.com.

;; ADDITIONAL SECTION:
aspmx.l.google.com.      206      IN  A    142.251.170.27
aspmx.l.google.com.      206      IN  AAAA  2404:6800:4008:c15::1b
alt1.aspmx.l.google.com. 206      IN  A    142.250.141.27
alt1.aspmx.l.google.com. 35       IN  AAAA  2607:f8b0:4023:c0b::1b
alt2.aspmx.l.google.com. 236      IN  A    142.250.115.26
alt2.aspmx.l.google.com. 289      IN  AAAA  2607:f8b0:4023:1004::1b
alt3.aspmx.l.google.com. 289      IN  A    64.233.171.27
alt4.aspmx.l.google.com. 138      IN  A    142.250.152.27

;; Query time: 68 msec
;; SERVER: 2001:268:fd07:4::1#53(2001:268:fd07:4::1)
;; WHEN: Mon Aug 21 18:41:22 JST 2023
;; MSG SIZE  rcvd: 325
```

また、コマンドラインではなく、Webサイトでチェックできる「DNSチェックサイト」もよく使われます。たとえば、JPRSが運営しているサイト[※4]が

※4「DNSの設定チェック」https://dnscheck.jp

あり、そのドメインの権威DNSサーバーに対して設定が正しいかを確認し、結果を表示します。正しく設定して、運用できていると思っていても、このようなサイトを使えば、思わぬ設定ミスが見つかることもあります。

構築したDNSサーバーの設定を確認するだけでなく、DNSに関する情報を変更したときには、必ず確認するとよいでしょう。

■ DNSサーバーの構築

VPSやレンタルサーバーを使用すれば簡単ですが、**VPS以外を使用する場合や、自宅で試しにDNSサーバーを運用したい場合は、DNSサーバーを自分で構築しなければなりません。**

DNSサーバーとして、BIND（Berkeley Internet Name Daemon）やPowerDNS、NSD、Knot DNS 、Unbound、Dnsmasqなどのソフトウェアがよく使われます。BINDは高機能で、フルサービスリゾルバーにも権威DNSサーバーにも使えるため、デファクトスタンダードのような存在になっています。ただし、設定の記述が複雑なため、社内など小規模なネットワークでは他の製品が使われることもあります。

ここではBINDをインストールすることにします。インストールはこれまでのPostfixやDovecotと同様に、次のコマンドを実行します。

```
# dnf install -y bind
```

続いて、BINDを設定します。BINDの設定ファイルは「named.conf」というファイルで、このファイルは次の3つの項目から構成されています。

項目	概要
options	BIND 全体の設定
logging	ログに関する設定
zone	ドメインを管理する範囲の設定

初期状態のファイルは次のように書かれています。

/etc/named.conf

```
//
// named.conf
//
～中略～
options {
        listen-on port 53 { 127.0.0.1; };
        listen-on-v6 port 53 { ::1; };
        directory       "/var/named";
～中略～
        allow-query     { localhost; };
～中略～
        recursion yes;
～中略～
};

logging {
        channel default_debug {
                file "data/named.run";
                severity dynamic;
        };
};

zone "." IN {
        type hint;
        file "named.ca";
};

include "/etc/named.rfc1912.zones";
include "/etc/named.root.key";
```

ここで、まずは「listen-on」という行を書き換えます。これは、このDNSサーバーに問い合わせるネットワーク機器のIPアドレスを指定するもので、デフォルトでは「127.0.0.1」のようにローカルホストのみが指定されています。つまり、他のコンピュータからは問い合わせできません。権威DNSサーバーの場合、全世界からアクセスできるようにする必要があるため、この記述を「any」に変更します。IPv6で接続してくる状況もある場合は、「listen-on-v6」という行も「any」に変更します。

また、「allow-query」という行も、リクエストを送信できる端末を指定します。すべて許可するため、「any」という値を指定します。

memo

listen-onとallow-queryはともに問い合わせる端末についての設定です。
「listen-on」は「耳を傾ける」という意味で、DNSサーバーが持つIPアドレスです。DNSサーバーは組織内部のローカルIPアドレスだけでなく、インターネットに公開されるパブリックIPアドレスを持つことがあります。また、複数のNICを持つことがあり、それらすべてからの問い合わせを受け付けるように設定します。
「allow-query」は「誰からの問い合わせを受け付けるか」を指し、インターネットからの問い合わせを受け付けるためにはすべてを許可します。

そして、「recursion」という行については、フルサービスリゾルバー（DNSキャッシュサーバー）を構築するときに、他のサーバーへ再帰的に問い合わせることを許可するもので、今回は権威DNSサーバーなのでこれは「no」にしておきます。

最後に、ゾーンの設定をするファイルを指定します。これは、「zone "." IN」の段落のあとに追加します。以上を整理すると、次のような設定ファイルができます（太字が変更した行）。

/etc/named.conf

```
//
// named.conf
//
～中略～
options {
        listen-on port 53 { any; };
        listen-on-v6 port 53 { ::1; };
        directory       "/var/named";
～中略～
        allow-query     { any };
～中略～
        recursion no;
～中略～
};

logging {
        channel default_debug {
                file "data/named.run";
                severity dynamic;
        };
};

zone "." IN {
        type hint;
        file "named.ca";
};

zone  "example.com" IN {
        type master;
        file  "example.com.zone";
        allow-update { none; };
};

include "/etc/named.rfc1912.zones";
include "/etc/named.root.key";
```

ファイルを保存したら、このファイルの書式が正しいかを次のコマンドで確認できます。

```
# named-checkconf
```

上記で指定した「example.com.zone」というファイルがゾーンファイルで、ここにDNSレコードを記述します。たとえば、次のように指定します。

/var/named/example.com.zone

```
$TTL      3600
@         IN       SOA     ns.example.com.  root.example.com.(
       2023082301;    Serial
       20800     ;    Refresh
       600       ;    Retry
       86400     ;    Expire
       86400 )    ;    Minimum
     IN NS ns.example.com.
     IN MX 10 mail.example.com.
ns   IN A  192.168.1.110
mail  IN A  192.168.1.111
```

シリアル番号は、このファイルを更新するたびに増やすもので、一般的に更新日の日付に連番2桁を付加した値が使われます。ファイルを保存したら、このファイルの書式が正しいかを次のコマンドで確認できます。

```
# named-checkzone example.com /var/named/example.com.zone
```

問題なければBINDを起動し、ファイアウォールで許可しておきます。

```
# systemctl restart named
# firewall-cmd --add-service=dns --permanent
# firewall-cmd --reload
```

DNSサーバーのIPアドレスを指定して、名前解決できるか確認します。たとえば、digコマンドでは次のように実行します。

```
$ dig @192.168.1.111 -t any example.com
```

問題なく設定できていることを確認し、ドメインの管理事業者のサイトを開いてネームサーバーの情報を登録します。多くの管理事業者のサイトにはネームサーバーの管理画面がありますので、構築したDNSサーバーのIPアドレスを入力します。

このとき、ネームサーバーとして複数のIPアドレスの入力を求められます。DNSサーバーが1つだと、そのDNSサーバーに障害が発生したときに、メールやWebなどさまざまなサービスが使えなくなってしまうためです。DNSサーバーに障害が発生してもサービスの運営を継続するため、複数のDNSサーバーを用意し、サーバーを冗長化します。

一般的には権威DNSサーバーを複数設置し、同じデータを持つようにします。これにより、どの権威DNSサーバーに問い合わせても同じ応答が得られます。コピー元となる権威DNSサーバーをプライマリーサーバー、コピー先となる権威DNSサーバーをセカンダリサーバーといいます。

この台数については特に指定はありませんが、一般的には3～5台のサーバーを構築し、それぞれのIPアドレスを登録します。

なお、実際に運用する場合にはセキュリティについて考慮する必要があります。たとえば、攻撃者によって不正なDNS情報を配置されたり、情報を改ざんされたりすると、利用者が偽サイトに誘導される可能性があります。

このため、DNSSECやDNS over TLS、DNS over HTTPS（DoH）などの技術が使われています。本書はメールの設定について主に扱うため、この部分は省略しますが、詳しく知りたい方はDNSの専門書を読んでください※5。

■ サーバーを移行する

メールサーバーやWebサーバーを長期間運用していると、ホスティング事業者を移行することを求められることがあります。サービスの終了や契約プランの値上げなどの事業者都合によるものの他、安価なサービスへの移行や、利

※5 DNSSECについては、メールに関する部分のみ第6章で解説。

用者数の増加によるプランの見直しなど利用者都合によるものもあります。

このとき、**基本的には新しい環境を構築して、同じ構成で動作することを確認したうえで、親 DNS サーバーにてレコードの内容を更新します**【図 3-6】。

図 3-6　移行作業の手順

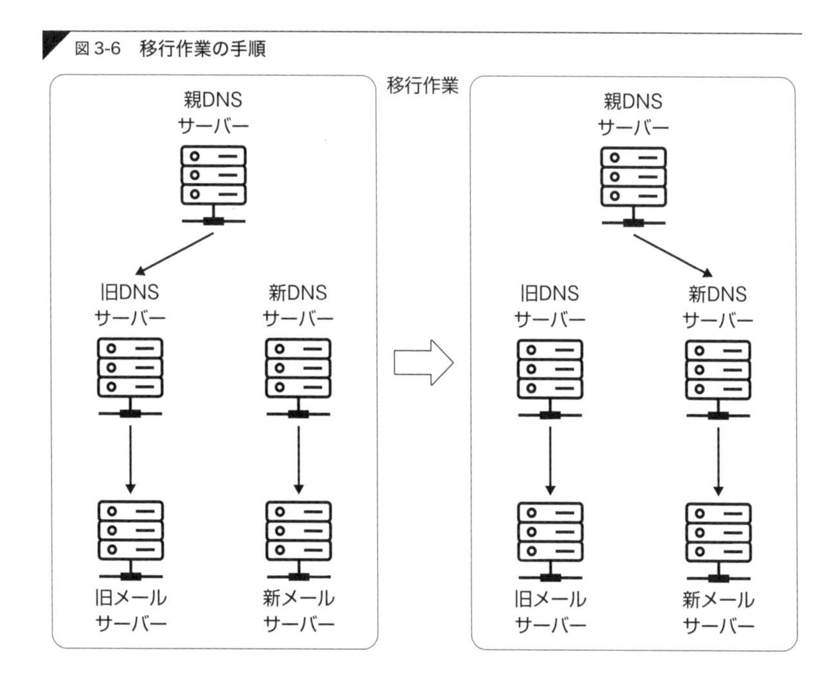

つまり、**まずは新しいメールサーバーや Web サーバーなどを構築し、既存のサーバーからデータをコピーします**。Web サーバーであれば HTML ファイルや CSS ファイル、JavaScript ファイルなどをコピーします。データベースサーバーであれば格納されているデータを、メールサーバーであればメールボックスのデータなどが挙げられます。そして、新しいサーバー上で正常に動作することを確認します。

移行前には、親の DNS サーバーにて TTL の値を小さくしておきます。そして、移行前の DNS サーバーの IP アドレスを移行先の DNS サーバーの IP アドレスに変更すると、変更後は新しいサーバーに接続されます。

ただし、アクセスする利用者が使用しているフルサービスリゾルバーのキャッシュに残っている間は、古いサーバーに接続されます。メールサーバーであれば、古いサーバーにメールが届く可能性もあるため、古いサーバーに届いたメールがないかを確認しなければなりません。

Web サーバーの場合には、TTL の値を短く設定していても古いサーバーにアクセスが続く可能性があるため、1 日程度は古いサーバーを停止することなく待つとよいでしょう。

DNS サーバーの移行も完了したあとは、TTL の値を元に戻しておきます。多くの場合、TTL の値は 1 日（86400）程度に設定されることが多いものです。この変更が終われば、古いサーバーは解約・削除しても問題ありませんが、念のため、一定の期間はバックアップを取得しておきます。

なお、POP サーバーを使用している場合は、受信したデータが手元のパソコンにあるため、メールソフト上の送受信の設定を「サーバー移行前は旧メールサーバーの情報」「サーバー移行後は新メールサーバーの情報」のように設定します。

切り替えたあとも、メールは古いメールサーバーにメールが届く可能性がありますが、移行後に旧メールサーバーの情報に変更して受信し、再度新メールサーバーの情報に変更します。これを 24 時間程度だけ確認すれば、それ以降は新メールサーバーに届きます。

IMAP サーバーを使用している場合は、メールデータがサーバー上にあります。このため、Thunderbird などのメールソフトを使って新旧両方のメールサーバーを登録し、移行前に旧サーバーから新サーバーにデータをコピーする方法がよく使われます。

切り替えたあとも、古いサーバーに届いたメールは新サーバーにコピーし、古いサーバーに届かなくなれば古いサーバーの登録情報をメールソフトから削除します。

■ DNS の逆引きについて知る

DNS は一般的にドメイン名から IP アドレスを調べるために使われます。しかし、逆にIPアドレスからドメイン名を調べたい場合もあります。これを**逆引き**といい、英語では「Reverse DNS」とも呼びます※6。

たとえば、p.132の「nslookup」では「shoeisha.co.jp」のIPアドレスを調べ、表示されたのは「114.31.94.139」でした。これを逆に調べると、次のように表示されます。

```
$ nslookup 114.31.94.139
Server: 2001:268:fd07:4::1
Address:  2001:268:fd07:4::1#53

Non-authoritative answer:
139.94.31.114.in-addr.arpa  canonical name = 139.128.94.31.114.in-
addr.arpa.
139.128.94.31.114.in-addr.arpa name = 114-31-94-139.dnsrv.jp.

Authoritative answers can be found from:
```

このように、**逆引きでは、「in-addr.arpa」という特殊なドメインが表示されます**。今回の場合、「139.94.31.114.in-addr.arpa」というものが表示されています。つまり、IPv4のIPアドレスであれば、ピリオドで区切ったものを逆から並べて最後に「in-addr.arpa」をつけたものです。また、「name=」に続けて「114-31-94-139.dnsrv.jp」という名前がつけられていることがわかります。

サーバーを設置しても、ドメインに対して逆引きできるようにDNSサーバーを設置する義務はありません。また、Webサーバーなどの場合、1つのサーバー（同じIPアドレス）で複数のドメインが運用されていることは珍しくありません※7。

このため、逆引きは失敗することがありますが、自分がDNSサーバーを構築する場合は可能な限り設定しておくようにしましょう。

なお、DNSで取得したメールサーバーに接続できない場合もあります。一時的に障害が発生してメールサーバーが停止していたり、DNSの設定が誤っ

※6 メールにおける逆引きは「FCrDNS（Forward-confirmed reverse DNS)」と略される。
※7 このため、逆引きのドメインが送信元のドメインと一致する必要はない。

ていたりすると、送信に失敗するのです。

この場合は、一定の時間を空けてもう一度送信を試みます。数回繰り返してもうまく送信できなかった場合には、異常があると判断して送信を中止し、送信元に対してエラーメールを送信します。

DNSで宛先のメールサーバーを調べる以外にも、指定した別のメールサーバーを経由してメールを配送する設定になっていることがあります。途中に1つのメールサーバーだけでなく、**複数のメールサーバーを順に経由して、メールを配送する可能性もあります**。

この方法が使われる背景には、セキュリティ上の理由があります。送信側や受信側のメールサーバーで、ウイルスなどをチェックしてから本来のメールサーバーに転送することで、セキュリティを高められるのです。このように、メールを中継するメールサーバーを**リレーメールサーバー**と呼びます**【図3-7】**。

図3-7　ウイルスチェック用のリレーメールサーバー

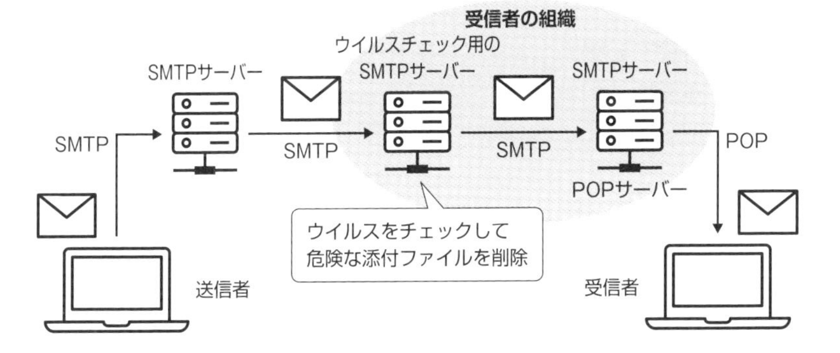

大量のメールを送信するときに、複数のメールサーバーに分散して送信することで、受信者側のメールサーバーから拒否されるのを防ぐために使われることもあります。

受信側のメールサーバーでは、信頼できないメールサーバーからのメールの受信を拒否するような設定が可能なため、大量のメールを送信してしまうと、そのメールサーバーからのメールを拒否されてしまう可能性もあるためです。複数のメールサーバーに分散させることで、大量のメールを送信しても確実に相手を届けられるように工夫しているのです**【図 3-8】**。

図 3-8　複数のメールサーバーから分散して送信する

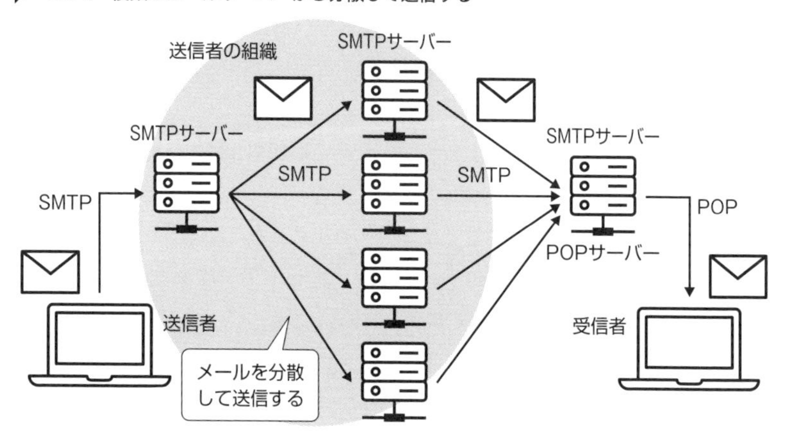

分散して送信するためにリレーメールサーバーを使う場合には、DNS でメールサーバーを探すのではなく、転送元のメールサーバーの設定ファイルで転送先を指定しておきます。

このように、さまざまな方法はあるものの、メールソフトから送信したメールは複数のメールサーバーを経由して、受信者が契約しているメールサーバーまで届けられます。そして、受信者は契約しているメールサーバーからメールを受信して読めます。

ここでは一方向のやり取りについて解説しましたが、送信者と受信者の立場が変わった場合は、上記の逆に転送されるだけで、それぞれのメールサーバーでやり取りされるときの動作は同じです。

3-5

メールの容量制限、再送、輻輳

使えるのはこんな人や場面！

- 大容量のメールの送信が制限される理由を知りたい人
- 送信時に制限をかけるため、SMTP サーバーで設定するとき
- メールボックスのサイズで受信側に制限をかけるとき
- メールの一時的な配信失敗に対する再送のしくみを知りたいとき

■ 容量制限が必要な理由

多くのプロバイダや Web メールサービスでは、契約時にメールアドレスを割り当てられますが、1 通あたりのメールサイズや、メールボックスに保存できる容量として上限が設けられています。

1 通あたりのメールの容量としては、5MB から 30MB 程度、メールボックスの容量としては 1GB から 15GB 程度が多い傾向です。たとえば、無料版の Gmail では、執筆時点で 1 通あたりの容量が 25MB、メールボックスの上限が 15GB に設定されています。

このような上限が設定されている理由として、大容量のメールを送受信されると、メールサーバーのストレージ容量やネットワーク帯域幅に影響を与えることが挙げられます。そのサーバーの利用者が 1 人であれば問題なくても、メールサーバーは複数の利用者が共同で利用するため、特定の利用者が大容量のメールをやり取りすると、他の利用者に影響が出る可能性があるためです**【図 3-9】**。

図 3-9　共有するメールボックス

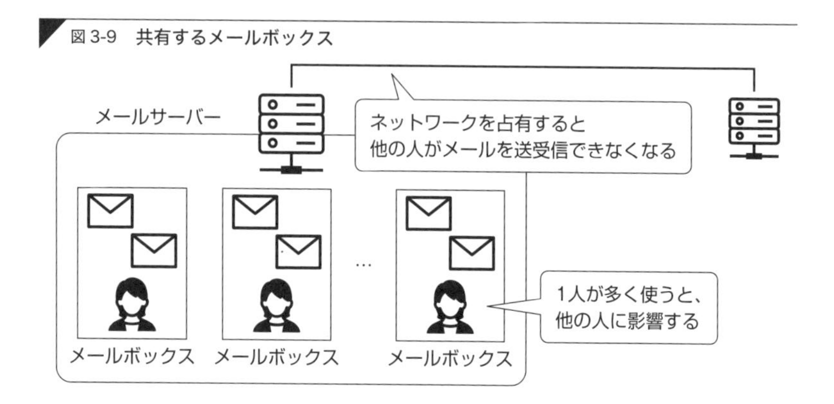
メールサーバー
ネットワークを占有すると
他の人がメールを送受信できなくなる
1人が多く使うと、
他の人に影響する
メールボックス
メールボックス
メールボックス

■ Postfix による送信メールの容量制限

メールの容量制限は受信側だけが対応すればよいわけではありません。SMTP ではメールを転送するだけなので、データを保存する必要はありませんが、大容量のメールが送信されるとネットワークの帯域は占有してしまいます。

複数のメールサーバーを経由してメールが送信されることを考えると、メールを送信するときにも制限をかけるべきだと考えられます。

そこで、SMTP サーバーにも容量制限の設定があります。たとえば、Postfix で設定する場合は、設定ファイルの「main.cf」にて次のような項目を追加します。

/etc/postfix/main.cf

```
message_size_limit = 10240000
mailbox_size_limit = 51200000
virtual_mailbox_limit = 0
```

この「message_size_limit」が 1 通のメールの最大容量で、上記のように 10240000 を指定すると 10MB となります。

また、mbox（Mailbox）形式でメールを管理している場合※8、メールボックス全体の容量は「mailbox_size_limit」で、バーチャルドメイン※9における１つのメールボックスの容量は「virtual_mailbox_limit」で指定します。0を指定すると無制限になります。

これらを変更してから、Postfixの設定ファイルを再読み込みすると反映されます。再起動ではなく、次のように再読み込みすることでメールサーバーを停止することなく反映できます。

```
# service postfix reload
```

■ Dovecotにおけるメールボックスの容量制限

IMAPを使ってメールボックスの容量を制限するときは、RFC 9208で定められた「QUOTA」という拡張を使います。Dovecotでは「quota」というプラグインで実現されています。このプラグインを使うには、Dovecotの設定ファイルで次の行を編集します。

/etc/dovecot/conf.d/10-mail.conf

```
mail_plugins = $mail_plugins quota
```

さらに、次の「90-quota.conf」というファイルにある「Quota limits」という部分に、次のようなルールを追加します。

/etc/dovecot/conf.d/90-quota.conf

```
plugin {
    quota = maildir:User quota
    quota_rule = *:storage=1G
}
```

※8 Maildirの場合はこの設定は無視される。
※9 1つのサーバーで複数のドメインを割り当てて、それぞれのドメインでサービスを提供するしくみ。

これは、Maildirのユーザー単位のquotaを設定するものです。そして、「quota_rule」において、1人あたりの容量を指定します。ここでは、「storage=1G」と記述しているため、1人あたり1GBに限定しています。また、次のようにゴミ箱用に100MBを指定すると、合計で1.1GBを使用できます。

/etc/dovecot/conf.d/90-quota.conf

```
plugin {
    quota = maildir:User quota
    quota_rule = *:storage=1G
    quota_rule2 = Trash:storage=+100M
}
```

設定の変更が終わったら、Dovecotを再起動して新しい設定を有効にします。

■ メールの再送が必要な場面

メールを送信したにも関わらず、宛先に届かない（配信に失敗する）場合があります。このとき、**即座に送信者にエラーを記述したメールを返すのではなく、メールサーバー間で一定の期間、自動的に再送する機能を備えています**。

たとえば、受信者のメールサーバーが一時的に利用できない、メールの送信中にネットワークで通信エラーが発生した、などの場合が挙げられます。このとき、SMTPによってメールが再送されます。これは便利な一方で、さまざまな問題点もあります。

メールの遅延

メールが再送されるのは1度だけではありません。一定の間隔を空けて再送されますが、再送を繰り返していると、それだけメールの配信が遅延します。送信者は送信してからすぐに届くことを想定していますが、途中で何らかの障害が発生しているとメールが大幅に遅れて届くことがあります。

メールの重複送信

メールの再送が複数回行われる場合、同じメールが複数回送信されることがあります。これにより、受信者が同じメールを複数回受信することになります。

■ メールの輻輳

一定期間内に大量のメールが特定のメールサーバーに送信され、処理が追いつかないときに発生する現象を**輻輳**といいます。洪水という意味の「フラッディング」という言葉が使われることもあります。

メールの輻輳が発生すると、メールの配信が遅延するだけでなく、配信の失敗やメールサーバーの停止などを引き起こす可能性もあります。

このような輻輳が発生する理由として、スパムメールの大量送信やメールサーバーの性能不足、短期的なアクセス集中が挙げられます。短期的なアクセス集中の例として、年始における「年賀状メール」などがあります。

このようなメールの輻輳を防ぐために、メールサーバーではさまざまな対策を実施しています。

対策1：スパムフィルタの利用

大量のスパムメールを検出し、削除または隔離するソフトウェアとしてスパムフィルタがあります。スパムメールを削除または隔離することにより、全体的なメールの量を減らすことで、メールサーバーにかかる負荷を軽減できます。

対策2：サーバーリソースの拡張

定期的にメールの転送量やメールサーバーのCPU使用率、ネットワークの使用状況などを確認していると、その限界を想定できます。徐々に使用率が増えている場合、事前に通信量の増加を見越して、メールサーバーのハードウェアの増強やネットワークの増設、サーバーの負荷分散などさまざまな方法でリソースを拡張できます。

対策3：トラフィック制御の導入

一定の時間内に送信可能なメールの数を制限する技術としてトラフィック制御（レートリミッティング）があります。大量のメールが一度に送信されることによる、輻輳の発生を防げます。

■ 安否確認サービスなどにおける設定

普段、私たちがメールでやり取りする相手であれば、メールアドレスを変更した場合は相手に伝えます。また、頻繁にやり取りしていると、連絡が取れなくなっても早い段階で気づく可能性があります。

しかし、**普段から連絡しない相手に対しては変更を伝えることを失念することがあります**。普段から連絡しないものの例として、災害時に安否を確認するサービスがあります。このようなサービスでは、普段は一切メールを送信しません。このため、メールアドレスを変更しても、登録内容を変更することを忘れてしまいます。

そして、実際に災害が発生したときに、宛先のメールアドレスが存在せずにメールが届かないという問題が発生します。緊急時には一斉にメールを配信するため、事業者からは膨大なメールが送信されます。このとき、受信者のメールサーバー側で配信を拒否されると困ります。

地震などで従業員の安否を確認するサービスなどの場合は、メールを送信して応答をもらうまでのスピードが重要です。最近はスマートフォンアプリの通知機能やLINEなどのSNSやチャット機能を使った方法もありますが、メールによる安否確認は現在も使われています。

安否を確認する目的で使用しているのに、メールを送信してから届くまでに時間がかかっていては意味がありません。このため、事前に訓練などでメールを送信し、登録されているメールアドレスにメールが届くかどうかを確認することが必要です。しかし、頻繁に訓練をしてしまうと、利用者にとっては迷惑だと感じる人もいるでしょう。

このため、さまざまな工夫が行われています。たとえば、存在しないメールアドレスを登録できないようにするだけでなく、変更などで使われなくなったメールアドレスを定期的にチェックして検出する方法が考えられます。

これは、訓練のように実際にメールを送信するのではなく、**メールを送信することなくメールアドレスの存在チェックを行う方法です**。これにより、前回の訓練から時間が空いてしまい、その間にメールアドレスを変更した場合に管理者に通知できます。

ここでのポイントは、「メールを送信することなくメールアドレスの存在チェックを行う」ということです。これはメールアドレスの**クリーニング**とも呼ばれています。

一般的なメールの使用では、メールを送信しないと相手のメールアドレスが存在するかどうかはわかりません。しかし、第2章で解説したTelnetを使ってメールを送信するコマンドを使うと、送信することなくメールアドレスの存在チェックができます。

Telnetでは、次の手順でメールを送信しました。

1. メールサーバーに接続する
2. 送信者を設定する
3. 受信者を設定する
4. タイトルや本文などを入力する
5. メールを送信する

それぞれのコマンドを実行するたびに、相手のメールサーバーからは応答が返ってきました。たとえば、1で「HELO」と入力すると、「250」というステータスコードが返ってきました。2や3も同じです。

ここで、3の受信者を設定するところで、存在しないメールアドレスを指定したときは、「454」や「550」などのステータスコードが返ってくることを解説しました。これは、受信者のアドレスが存在しないことを表すもので、メールサーバーの設定によって異なります。しかし、通常時の応答コードとは異なるため、そのユーザーが存在しないと判断できます。

一般的なメールソフトでは、1から4までをまとめて入力して送信ボタンを押しますが、Telnetのようにコマンドでやり取りする場合、3の段階でメールアドレスが存在しないことがわかるのです。

そして、4や5を実行しなければ、メールが送信されることはありません。これにより、メールアドレスが存在するかどうかを判定できます。

ただし、この方法で確実に判定できるとは限りません。迷惑メール送信事業者がこの技術を悪用することを防ぐため、このような応答を返さないメールサーバーもあります。このため、あくまでも参考程度とし、一般的な利用ではメールを実際に送信して、そのメールに書かれたリンクをクリックすることでメールが届いたことを確認します。

なお、災害が発生したときに安否を確認するサービスでは、メールを送信する時点のインフラの状況が通常時とは異なる可能性があります。停電などが発生し、携帯電話の電波が届きにくい可能性があります。また、一般にこのような緊急時はインターネットの通信量が増え、つながりにくくなることが想定されます。

このような状況でも、特定の利用者に向けて円滑にメールを送信できるように、一部の事業者は混雑時に優先して配送するしくみを提供しています。たとえば、NTT ドコモでは「特定接続サービス※10」を提供しており、事前に契約した事業者に対してドコモのメールサーバーへの接続口を確保しています。

このようなサービスを使用すると、そのメールサーバーが混雑して輻輳が発生しているような状況でも、安定してメールを送信できる可能性があります。**ただし、そのメールサーバーに接続する経路が異なるだけであり、そこから先のメールサーバーを経由し、利用者の端末に届くまでの経路は、同じであることには注意が必要です【図 3-10】。**

図 3-10　優先される部分

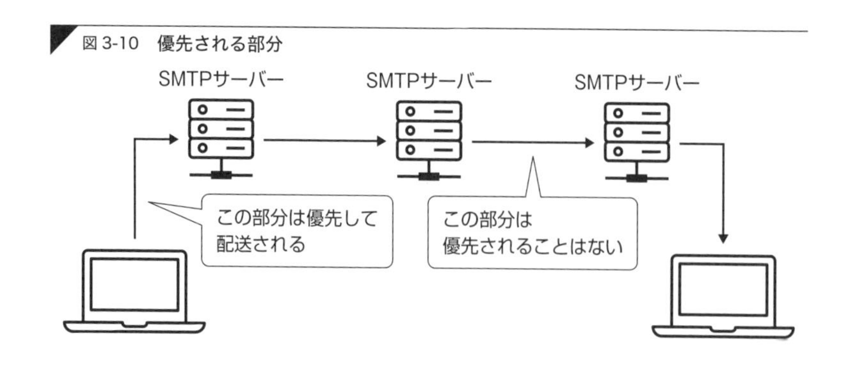
SMTPサーバー
SMTPサーバー
SMTPサーバー
この部分は優先して
配送される
この部分は
優先されることはない

※10 https://www.ntt.com/business/services/specific_connection.html

memo

本書の執筆中である2023年10月に、Googleから「メール送信者のガイドライン」が公開されました。2024年2月1日以降、Gmailアカウントにメールを送信するすべての送信者が満たすべき要件がまとめられた資料です。
SPFやDKIM、DMARCなどの送信ドメイン認証、逆引きDNSレコードの設定、メール送信の経路の暗号化、オプトアウトへの対応など、基本的には本書で解説している内容に沿って対応すればよいのですが、本書で解説していないものとして「Postmaster Toolsで報告される迷惑メール率を0.10%未満に維持し、迷惑メール率が決して0.30%以上にならないようにする」という項目があります。
この「Postmaster Tools」はGoogleが提供する迷惑メールの分析ツールで、自身が所有するドメインから送信されるメールについてのデータを収集できます。Google Workspaceなどをメールの送受信に使っていなくても、Googleのアカウントがあり、DNSサーバーにテキストレコードを追加できる（ドメイン所有権を証明できる）権限があれば無料で利用できます。
このツールに自身のドメインを登録しておくことで、登録したドメインからの「迷惑メール率」や「IPのレピュテーション」、「ドメインのレピュテーション」、「SPFやDKIM、DMARCで正常に送信された割合」、「暗号化されたトラフィックの割合」などを確認できます。
レピュテーションなどの評価値を送信者が把握するのは難しいものですが、多くの人がアカウントを持っているGmailがこのようなサービスを提供していることから、メールサーバーの管理者の方は、信頼できる指標の1つとして登録しておくとよいでしょう。

Exercises 練習問題

Q1 次のうち、POP や IMAP に対応しているサーバーソフトウェアはどれか？

A）Postfix　B）Sendmail　C）qmail　D）Dovecot

Q2 DNS レコードにおいて、メールサーバーについて指定する種別はどれか？

A）AAAA　B）NS　C）MX　D）TXT

Q3 メールサーバーや Web サーバーを移転するときに、TTL の値を変更する理由として正しいものはどれか？

A）フルサービスリゾルバーのキャッシュによって古いサーバーにアクセスされる量を減らすため

B）新しいサーバーへのアクセス数を増やすため

C）新しいサーバーの性能を向上させるため

D）DNS サーバーの負荷を減らすため

Q4 メールの輻輳が発生する理由として考えにくいものはどれか？

A）スパムメールの大量送信

B）SNS の利用者数の増加

C）メールサーバーの性能不足

D）短期的なアクセス集中

正解）Q1：D、Q2：C、Q3：A、Q4：B

第 4 章

ファイルの添付とHTMLメール

ここまでに解説したメールのやり取りで使ったのはテキストのみでした。しかし、私たちが普段メールを使うときは、ファイルを添付したり、文字を装飾したりしています。これらのメールがどのように実現されているのか、そのしくみについて解説します。

4-1

メールの文字コード

使えるのはこんな人や場面！

- **メールに使える文字の歴史的な経緯を知りたい方**
- **日本語のメールに使われる文字コードの変遷について知りたい方**
- **メールのタイトルで日本語を使ったときの指定方法を知りたい方**

■ メールに使える文字

第1章では、メールのフォーマットがRFC 5322で定められていることを解説しました。この文書では「メールに使える文字」も定められています。

コンピュータは0と1の2つの値で処理するため、文字も数値で表現しています。つまり、数値として記録されている値に対応する文字を表示しているのです。

このため、複数のコンピュータでデータのやり取りをするときは共通の値を使わないと、文字を正しく表現できません。この対応表として、「文字コード」と呼ばれる規格がいくつか定められています。メールを使い始めたのは英語圏であるため、アルファベットを表現できれば十分で、0〜127の範囲の値を文字に割り当てていました。これは**ASCII**と呼ばれる文字コードで、一般に**アスキーコード**と呼ばれています。

ASCIIでは文字を7ビットで表現し、2進数の0000000〜1111111の範囲で数値に対応する文字を定めています。たとえば、アルファベット大文字の「A」は16進数で41（2進数で1000001）、アルファベット小文字の「a」は16進数で61（2進数で1100001）に対応すると定められています**【表4-1】**。

表4-1 アスキーコード表

	0-	1-	2-	3-	4-	5-	6-	7-
-0	NUL	DLE	SP	0	@	P	`	p
-1	SOH	DC1	!	1	A	Q	a	q
-2	STX	DC2	"	2	B	R	b	r
-3	ETX	DC3	#	3	C	S	c	s
-4	EOX	DC4	$	4	D	T	d	t
-5	ENQ	NAK	%	5	E	U	e	u
-6	ACK	SYN	&	6	F	V	f	v
-7	BEL	ETB	'	7	G	W	g	w
-8	BS	CAN	(	8	H	X	h	x
-9	HT	EM	)	9	I	Y	i	y
-A	LF	SUB	*	:	J	Z	j	z
-B	VT	ESC	+	;	K	[	k	{
-C	FF	FS	,	<	L	¥	l	|
-D	CR	GS	-	=	M	]	m	}
-E	SO	RS	.	>	N	^	n	~
-F	SI	US	/	?	O	_	o	DEL

ASCIIでは2の7乗＝128種類の文字を扱えますが、**表4-1**における灰色の部分は制御文字（特別な動作をさせるために使う文字）で使用しています。その他も、アルファベットの大文字と小文字で52種類、数字で10種類を使用しており、残る文字では一部の記号しか表現できません。つまり、ひらがなやカタカナ、漢字などは使えません。

私たちがパソコンでアルファベットを扱うときは、各文字を上記のASCIIで表現していますが、日本語を扱うときはパソコンに導入されているOSによって異なる文字コードを使っていました。

たとえば、Windowsでは**Shift_JIS**という文字コードが、Linuxなどの

UNIX 系 OS では **EUC-JP** という文字コードが一般的に使われてきました。最近では、全世界の文字を表そうという取り組みから **Unicode** が普及し、**UTF-8** と呼ばれる符号化方式が使われることが一般的になっており、多くのOS で標準的に使われるようになりました。

Shift_JIS や EUC-JP は「2 バイト文字」と呼ばれ、8 ビットの文字を 2 つ組み合わせて日本語の文字を表現しています。また、UTF-8 では 2 バイトだけでなく 3 バイトや 4 バイトの文字も存在します。

メールの仕様では上記のような 7 ビット以外の文字コードは使えないため、日本語の文字を使ったメールを送信できませんでした。使える文字が 7 ビットに制限されているため、日本語の文字をそのまま送れなかったのです。

そこで、**日本語のような特殊な文字を使ったメールを送信するために、地域内のルールとしてメールの本文に独自の文字コードを使えるように取り決められました**。つまり、日本人同士のやり取りだけに使える特殊な文字コードで本文を記述できるようにしたのです。このため、他の国のメールソフトでメールを開いても、正しく表示されません。

この特殊な文字コードとして、日本では **ISO-2022-JP** という国際標準化機構（ISO）が定めたものを使うことが決められました。俗に「JIS コード」や「JUNET コード」と呼ばれるもので、7 ビットの符号化方式です。

ISO-2022-JP は日本語のひらがなやカタカナ、漢字などの全角文字を使うときには、「エスケープシーケンス」と呼ばれる制御文字を使って、半角文字と全角文字を切り替える方法を採用しています。

具体的には、アルファベットから日本語に変わるところに「ESC $ B」（16 進数で 1B, 24, 42）という文字を、日本語からアルファベットに変わるところに「ESC (B」（16 進数で 1B, 28, 42）という文字を入れています。「ここから漢字」という意味で「漢字 IN（Kanji IN）」、「ここまで漢字」という意味で「漢字 OUT（Kanji OUT）」とも呼ばれ、それぞれ KI、KO と略されることがあります。

つまり、「2023 年 12 月 31 日」であれば、数字部分は半角文字で、漢字部分は全角文字です。このとき、「2023」のあとに KI を入れて「年」を、次に

KOを入れて「12」を、そしてまたKIに続けて「月」、KOに続けて「31」、KIに続けて「日」、最後にKOを並べます。

漢字に限らず、1バイト文字と2バイト文字が入れ替わるところに、KIやKOの文字コードを並べるのです。**このような工夫により、7ビットでも日本語のメールを表現して送受信できるようになりました。**

私たちがメールを送信するときは、特に意識することなく日本語を使っていますが、その裏側ではメールの内容をいったん7ビットの文字コードに変換して送信しており、受信側で元の文字コードに再変換しているのです。

ただし、ISO-2022-JPでは扱える文字の種類に制限があります。具体的には、**機種依存文字**と呼ばれる記号や半角カタカナ、絵文字などを扱うことができません**【図4-1】**。

図4-1　機種依存文字の例

特殊な文字	半角カタカナ	拡張文字
・①、②、③…… ・㈱、㈲、㍑……	・ｱ、ｲ、ｳ……	・髙、﨑……

このため、ISO-2022-JP以外の文字コードも使えるようになることが期待されていました。

■ メールのタイトルに日本語を使う

前項で解説したのは、あくまでもメールの「本文」の話です。**メールのヘッダー部分はメールの送信や転送に使われるため、国によって異なる文字が使われると困ります。**また、制御文字もヘッダーには使えません。

メールのタイトルはメールの「ヘッダー」部分に記載されているため、ISO-2022-JPによって本文では日本語が使えても、メールのタイトルには英語しか使えませんでした。

そこで、メールのヘッダー部分で日本語などを使うために、特殊な表現方法が考えられました。それは、「=?文字コード？符号方式？符号化された文字列?=」のように、日本語の文字列を符号化（エンコード）し、特殊な文字で挟んで表示する方法です。たとえば、「=?ISO-2022-JP?B?〜〜〜?=」と書くと、「ISO-2022-JPという文字コードの文字列を**Base64**という変換方式でエンコードしていること」を意味しています。

Base64は、第2章のSMTP AUTHのパスワードの符号化でも登場しましたが、8ビットの文字を6ビットに変換する方法です。具体的には、8ビットの文字を3つずつ取り出し、その24ビットを6ビットずつ4つに分けます。そして、その6ビットの値に対応した文字に変換して、ASCIIの文字列とする方法です**【図4-2】**。

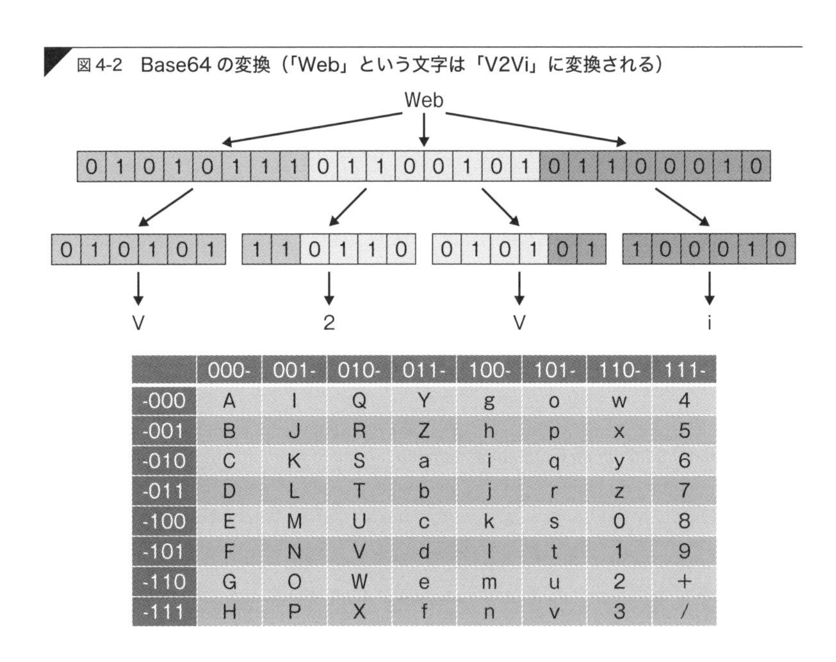

図4-2　Base64の変換（「Web」という文字は「V2Vi」に変換される）

	000-	001-	010-	011-	100-	101-	110-	111-
-000	A	I	Q	Y	g	o	w	4
-001	B	J	R	Z	h	p	x	5
-010	C	K	S	a	i	q	y	6
-011	D	L	T	b	j	r	z	7
-100	E	M	U	c	k	s	0	8
-101	F	N	V	d	l	t	1	9
-110	G	O	W	e	m	u	2	+
-111	H	P	X	f	n	v	3	/

このように、Base64を使うと8ビットの文字でもASCIIで扱える7ビットのアルファベットに変換できます。ただし、3文字であったものが4文字に増えるため、データ量は33%ほど増加します。

たとえば、日本語のメールを開き、ヘッダーを表示すると、次のように表現されていることがあります。

```
Subject: =?ISO-2022-JP?B?GyRCJUYlOSVIGyhC?=
```

これは、「テスト」という日本語のタイトルのメールを送信したものです。この「GyRCJUYlOSVIGyhC」という部分が「テスト」をISO-2022-JPで表現し、Base64でエンコードしたものです。

memo

エンコード方法としては、Base64の他にも**Quoted-Printable**という方法があり、この場合は真ん中部分に「Q」と書きます。

さて、このようなBase64を使うと、8ビットであっても6ビットに変換できるので、それをASCIIで表現してメールで送信できます。つまり、Shift_JISやEUC-JP、UTF-8などさまざまな文字コードでもBase64で変換すると、7ビットのメールを送信できそうです。

ISO-2022-JPでは英数字と日本語しか扱えませんが、UTF-8を使うと機種依存文字や絵文字なども表現できます。たとえば、UTF-8を使うと、同じ「テスト」という件名のメールは次のように記述されます。

```
Subject: =?UTF-8?B?44OG44K544OI?=
```

このように、新たなエンコード方法を使う他にも、これまでのメールのしくみを拡張する方法が次々考えられました。メールのヘッダー部分だけでなく、本文でも他の文字コードを使いたいものですし、画像などのファイルを添付したいものです。

こういったメールを実現する方法について次の節以降で解説します。

4-2

ファイルを添付する

使えるのはこんな人や場面！

- MIMEにおけるそれぞれのパートの役割を知りたい方
- ファイルを添付するときのルールを知りたい方

■ メールの書式の拡張

7ビットのテキストしか送信できないメールの書式を拡張するために考えられたのが**MIME**（Multipurpose Internet Mail Extensions）という規格です。名前の通り、多目的にメールの書式を拡張するためのもので、**日本語などの文字を扱えるようにするだけでなく、画像などのファイルを添付できるなど、さまざまなことをできるようにしています。**

MIMEに対応したメールを作成するためには、MIMEのバージョンを指定します。執筆時点では、バージョンとして「1.0」しかありませんので、メールのヘッダーに次のように記述します。

```
MIME-Version: 1.0
```

そして、本文をUTF-8で記述したい場合、メールのヘッダーで次のように記述します。

```
Content-Type: text/plain; charset=UTF-8
```

これだけで本文をUTF-8で記述できると便利なのですが、UTF-8は8ビット符号で可変長の文字コードです。SMTPで送信するには7ビットで記述する必要があるのです。

そこで、前節で解説したようなBase64やQuoted Printableを使い、7ビットにエンコードします。ただし、エンコードした方法を指定しなければ受信者側が判断できないため、これもヘッダーに記述します。

```
Content-Transfer-Encoding: base64
```

これらを使うと、次のようなメールを作成できます。

```
Date: Fri, 29 Sep 2023 12:34:56 +0900
MIME-Version: 1.0
Content-Type: text/plain; charset=UTF-8
Content-Transfer-Encoding: base64
Subject: =?UTF-8?B?44OG44K544OI?=
From: =?UTF-8?B?44OG44K544OI?= <taro@example.com>
To: =?UTF-8?B?44OG44K544OI?= <hanako@example.com>

44OG44K544OI
```

これで、差出人や宛先の名前、件名だけでなく、本文についても日本語の文字コードとしてUTF-8を使ったメールを送信できます。送信側と受信側の両方が使っているメールソフトがMIMEに対応していれば、途中のメールサーバーはこれまで通りのしくみを使えます。

そして、現在使われているほぼすべてのメールソフトがMIMEに対応しているため、日本語だけでなく世界中の文字が問題なくやり取りできています。

このため、最近はISO-2022-JPよりもUTF-8を使ったメールを多く見かけるようになりました。

ここで、「Content-Type」というフィールドでは「text/plain」という値を指定しました。これは**MIMEタイプ**や**メディアタイプ**と呼ばれ、送信するデータの種類を指定するものです。**メールだけでなく、Webページでも使われているもので、次の表4-2のようなものがあります。**

表 4-2　主な MIME タイプ

MIME タイプ	内容
text/plain	テキストデータ
text/html	HTML データ
image/jpeg	JPEG 画像
image/png	PNG 画像
audio/mpeg	MP3 音声
video/mp4	MP4 動画
application/pdf	PDF ファイル

つまり、この MIME タイプを「text/plain」以外にすれば、他のデータも送信できそうです。たとえば、MIME タイプとして「image/jpeg」を指定し、画像データを Base64 で変換したものを本文の部分に記述すれば、画像ファイルも送信できます。

画像データはテキストデータではなく、バイナリデータと呼ばれますが、Base64 は 2 進数の値を 6 ビットずつ取り出して文字に変換するだけなので、バイナリデータでも文字に変換できます。

memo

バイナリデータは画像や映像、音楽など専用のソフトウェアで使用するためのデータで、コンピュータが処理しやすいような形式を指します。テキストデータであれば人間が見ると内容を容易に理解できますが、バイナリデータを見ても人間がその内容を理解するのは難しいです。

バイナリデータでメールを作成する場合は、次のように指定します。

```
Content-Disposition: inline
```

ファイル名や表示方法などを指定するためには、次のヘッダーを使用します。

```
Content-Disposition: inline; filename="abc.png"
```

■ MIME のメール構造

前項で画像ファイルなどをメールで送信できることはわかりましたが、画像を送ってしまうとメールの文章を送信できません。送信できるデータは 1 つだけのため、文章を送るかファイルを送るかを選ばなければなりません。

これでは不便なので、複数のデータを 1 つのメールで送信することが考えられました。このために、**メールを「パート」と呼ばれる構造に分割して作成する**方法を **MIME マルチパート**といいます。

MIME マルチパートでは、Content-Type として「multipart/mixed」を使い、それぞれのパートを区切る境界に名前をつけます。この名前は「boundary」というパラメータで指定します。たとえば、**図 4-3** のようなメールが考えられます。

図 4-3　MIME マルチパート

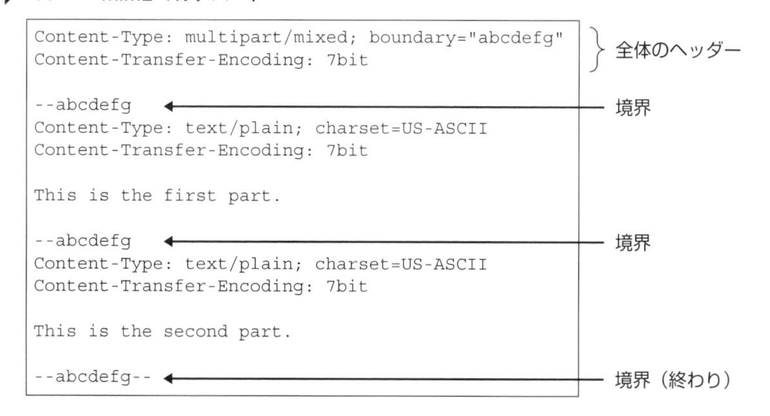

このように、ヘッダーで指定した境界の名前の前に「--」をつけたもので分割し、境界の最後には名前の後ろにも「--」をつなげます。そして区切った部分がそれぞれのパートになり、それらは「コンテンツ・ヘッダー」と「コンテンツ・ボディ」に分かれています。

このように分割されていますが、すべてがテキスト形式で作成されており、1つのメールとして扱われます。

memo

図4-3のメールを見るとわかるように、境界となる文字列を単純なものに設定すると、本文中に登場する文字列と一致してしまう可能性があります。このため、実際のメールソフトでは数十文字といった長さの、ランダムな文字で構成される文字列が使われています。

このメールでは、「Content-Transfer-Encoding」に「7bit」と書かれています。これはMIMEエンコードを指定するフィールドで、前節で解説したBase64やQuoted-Printableの他にも、**表4-3**のような種類があります。

表4-3　主なMIMEエンコード

MIMEエンコード	内容
Base64	8ビットのデータを、ASCII文字のみで構成されるテキストデータに変換するエンコード方式。
Quoted-Printable	ASCII文字はそのままに、それ以外のデータをASCII文字として扱える形式に変換するエンコード方式。日本語のテキストファイルやHTMLメールの送信によく使われる。
7bit	7ビットのASCII文字のみで構成されるテキストデータを扱うエンコード方式。テキストファイルの送信によく使われる。
binary	バイナリデータをそのまま扱うエンコード方式。添付ファイルの送信によく使われる。

なお、このMIMEマルチパートではパートの中にさらにパートを作ることもできます。パソコンで使うフォルダのように、階層的なパートを構成することもできます。

たとえば、**図4-4**のように境界を表す名前を変えればよいのです。この例では、全体のパートをabcdefgという文字列で区切って、内側のパートをxyzという文字列で区切っています。

図4-4 階層的なマルチパート

```
Content-Type: multipart/mixed; boundary="abcdefg"
Content-Transfer-Encoding: 7bit

--abcdefg
Content-Type: text/plain; charset=US-ASCII
Content-Transfer-Encoding: 7bit

This is the first part.

--abcdefg
Content-Type: multipart/mixed; boundary="xyz"
Content-Transfer-Encoding: 7bit

--xyz
Content-Type: text/plain; charset=US-ASCII
Content-Transfer-Encoding: 7bit

This is the second part.

--xyz
Content-Type: text/plain; charset=US-ASCII
Content-Transfer-Encoding: 7bit

This is the third part.

--xyz--
--abcdefg--
```

このメールの構成

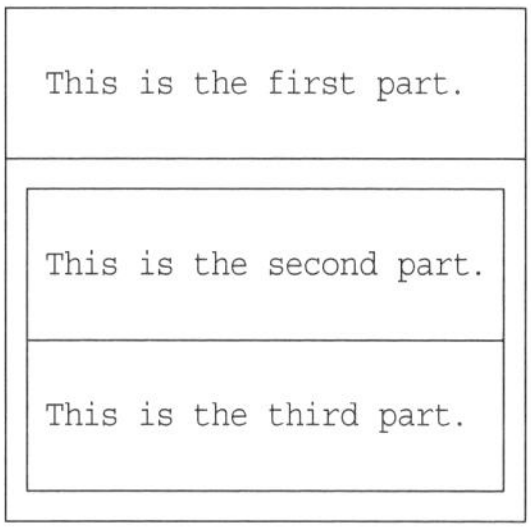

This is the first part.

This is the second part.

This is the third part.

なお、仕様上はこのパートの階層に上限はありませんが、深い階層にすることはほとんどありません。対応していないメールソフトもあるため、2階層くらいに抑えることが一般的です。

■ ファイルの添付

MIMEマルチパートを使うと、最初のパートで本文、次のパートでファイルを書くことで、メールにファイルを添付できます。このようなファイルを**添付ファイル**といい、メール本文とは別に指定されますが、1つのメールとして扱われます。

添付ファイルとして扱うには、複数のパートを作成し、パートのヘッダー部分に「Content-Disposition」のフィールドで添付ファイルであることと、ファイル名を明記します。

```
Content-Type: image/png
Content-Transfer-Encoding: base64
Content-Disposition: attachment; filename="abc.png"

ここに画像をBase64でエンコードしたデータ
```

ファイルを添付するときには、ファイルをBase64などでエンコードする際にメールのサイズが大きくなることに注意が必要です。第3章でも解説したように、メールの容量には上限が設定されています。このときの容量として5MBまで添付できるメールサーバーに対し、手元のパソコン上で4MBのファイルを添付しようとすると、Base64のエンコードで約1.3倍になり、5MBを超えてしまうことは珍しくありません。

このように、大きなファイルを添付することを避けるため、大容量のファイルを送信する場合には、メールにファイルそのものを添付するのではなく、Google DriveやOne Driveなどのファイル共有サービスにアップロードし、そのリンクを記載する方法がよく使われます。

ファイルを格納した場所のURLをメール本文に記載することで、受信者はそのURLにアクセスしてファイルをダウンロードできるようにするのです。この方法は、後述するPPAPの対策としても有効です。

4-3

HTMLメール

使えるのはこんな人や場面！

- メールの文面を装飾したHTMLメールを作成するとき
- メールソフトでHTMLメールを表示できない理由を知りたい人

■ HTMLメールの作成方法

メールの本文を記述するとき、単純なテキスト形式で書くだけでなく、文字を装飾したり画像を本文中に埋め込んだりしたいものです。

Wordなどの文書作成ソフトで作成したファイルを添付する方法もありますが、添付ファイルでなく本文としてメールを開いただけで文面を表示したいのです。

そこで考えられたのが、Webサイトの表示に使われる**HTML**[※1]で本文を記述する方法です。**HTMLそのものはテキスト形式ですが、文字の大きさや色などを変えられるだけでなく、画像や動画のURLを指定することで文書内に埋め込んで表示できます。**

このように、HTMLを使って作成したメールを**HTMLメール**といいます。HTMLはWebブラウザのしくみを使うことで比較的容易に実装でき、テキストメールよりも見栄えがしますし、情報をわかりやすく伝えられます。

このため、個人間のメールのやり取りに使うこともできますが、ビジネスにおいて商品の写真や会社のロゴを掲載したメールを送信することで、マーケティングの目的で多く使われています。

HTMLメールはMIMEのしくみを使って実現されています。つまり、Content-Typeとして「text/html」を指定します。そして、本文にBase64でエンコードした文字列を記述します。

※1 Hypertext Markup Languageの略。

HTML メールを作成するとき、テキストエディタを使って HTML 形式でメールを作成する方法もありますが、多くの利用者にとって HTML のタグを記述するのは面倒なため、簡単に作成できるソフトウェアがあると便利です。

最近のメールソフトでは、HTML 形式でメールを作成できる機能を標準で用意しており、使いたい機能をマウスで選ぶことで、ブログを記述するような要領で、HTML メールを容易に作成できるようになっています **【図 4-5】**。

図 4-5　HTML メールの作成（Thunderbird の場合）

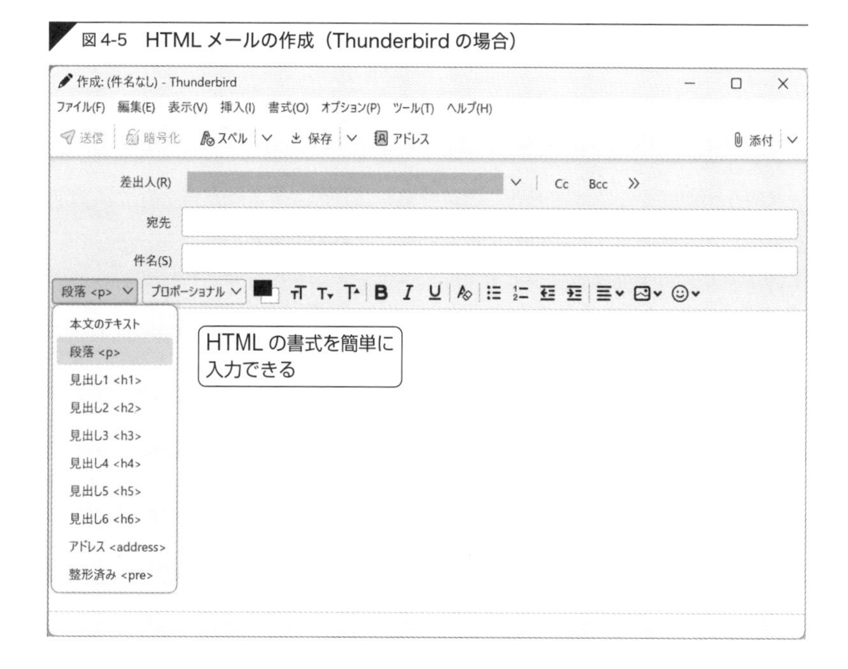

ただし、相手が使用しているメールソフトが HTML メールに対応していない可能性があります。この場合、HTML のタグが表示されてしまい、受信者にとって読みにくいメールとなってしまいます。

そこで、一般的には MIME マルチパートで HTML 形式のデータを別のパートとして作成する方法が使われます。HTML メールだけのメールは迷惑メールと判定される可能性が高いため、送信しない方がよいでしょう。

前節では、Content-Typeとして「multipart/mixed」を指定しましたが、MIMEマルチパートの表現方法として、**表4-4**の3つがよく使われます。

表4-4 MIMEマルチパートを表現するContent-Type

Content-Type	内容
multipart/mixed	それぞれのパートが異なるデータを表す。
multipart/alternative	テキスト形式とHTML形式のように、同じ内容を異なる形式で表す。
multipart/related	本文に関連するものを示す。

単純に、テキスト形式のメールにファイルを添付するような使い方であれば、「multipart/mixed」を指定するのですが、HTMLメールを送信するときは、「multipart/alternative」を使います。

これは、HTML形式と同じデータをテキスト形式として作成する方法です。つまり、HTML形式のデータからタグなどを除いたものをテキストのパートとして記述します。

```
Content-Type: multipart/alternative; boundary="abcde"
Content-Transfer-Encoding: 7bit

--abcde
Content-Type: text/plain; charset=US-ASCII
Content-Transfer-Encoding: 7bit

This is a test mail.

--abcde
Content-Type: text/html; charset=US-ASCII
Content-Transfer-Encoding: 7bit

<h1>This is a test mail.</h1>

--abcde--
```

なお、HTML形式のメールにファイルを添付する場合は、次のように「multipart/mixed」と「multipart/alternative」を組み合わせて階層的なマルチパートの構成で作成します。

```
メールのヘッダー
Content-Type: multipart/mixed; boundary="abcde"

--abcde
Content-Type: multipart/alternative; boundary="xyz"

--xyz
このパートのヘッダー
Content-Type: text/plain; charset="UTF-8"

テキストメールの本文
--xyz
このパートのヘッダー
Content-Type: text/html; charset="UTF-8"

HTML メールの本文
--xyz--
--abcde
このパートのヘッダー
Content-Type: image/png; name="abc.png"

画像データ
--abcde--
```

また、絵文字など、本文に関係があるものをファイルとして添付するときは、「multipart/related」を使います。

■ HTMLメールの注意点

HTMLメールは表現力もあって便利な一方で、使うときには注意が必要です。たとえば、HTMLメールはテキストメールよりも容量が多くなります。このため、送受信に少し時間がかかるだけでなく、携帯電話の通信量を気にする受信者によっては嫌われる可能性があります。

また、受信者が使うメールソフトによっては、HTML メールを表示できない場合があります。このため、すべての利用者の環境で正しく表示されるとは限りません。企業から新商品の宣伝などを配信する目的で使用する場合は、HTML メールとテキストメールのどちらを希望するかを受信者に確認したほうがよいでしょう。

受信者が使うメールサーバーやメールソフトによっては、HTML メールが迷惑メールと判断されてブロックされる可能性もあります。HTML メールではリンクや画像などを本文中に指定できますが、この内容を分析して迷惑メールだと判断される可能性があるのです。

迷惑メールだと判断されなくても、画像ファイルは表示しない設定を使用している利用者もいます。このため、受信者の画面に表示されているものが送信者の想定している表示とは異なる可能性があります。

これは利用者のデバイスによっても表示が異なる可能性があることに注意が必要です。メールをパソコンで閲覧するときと、スマートフォンで閲覧するときでは画面の大きさが違います。

このため、HTML メールを送信するときには、Web サイトを作成するときと同じように**レスポンシブデザイン**※2 で作成することが求められます。**レスポンシブデザインを採用すると、画面サイズが小さい端末でも、受信者が快適にメールを閲覧できます。**

memo

MIME はメールに使われるだけでなく、Web ページを保存するときの MHTML という形式でも使われています。
これは、Web ページの表示に使われる HTML だけでなく、画像なども 1 つのファイルとして保存する形式です。単一のファイルとして Web ページをまとめて保存できるため、アーカイブとしての使い方に便利です。

※2 画面サイズに合わせて自動的にレイアウトが調整されるWebサイトのデザインのこと。

4-4 添付ファイルで考慮すべきセキュリティ

使えるのはこんな人や場面！

- 添付ファイルにマルウェアが含まれるリスクを知りたい方
- 添付ファイルにパスワードをかけて送る理由を知りたいとき
- 誤送信したメールを取り消すしくみを知りたい方

■ マルウェアの添付

メールにファイルを添付できると便利ですが、メリットだけではありません。メールのしくみを悪用されることによる、セキュリティ面におけるデメリットも考えられます。

たとえば、悪意のあるファイルをメールに添付される可能性があります。このようなコンピュータやネットワークを攻撃するために作成されたファイルを**マルウェア**といいます。マルウェアには、**表4-5**のような種類があります。

表4-5　マルウェアの種類

マルウェアの種類	特徴
ウイルス	他のプログラムに寄生して動作することで、他のコンピュータやネットワークに感染する。
ワーム	単独で自己複製することで、他のコンピュータやネットワークに感染する。
トロイの木馬	正規のプログラムに偽装して、コンピュータやネットワークに侵入する。
スパイウェア	コンピュータやネットワーク上の情報を盗む。
アドウェア	広告を表示するだけでなく、個人情報の収集やコンピュータの動作の遅延などの被害をもたらす。

マルウェアはファイルとして保存されているだけでは動作しませんが、そのファイルを開くと感染します。メールに添付されたマルウェアも、メールを受信するだけでは感染しませんが、そのメールを開封して添付ファイルを実行することでさまざまな被害をもたらす可能性があります。

マルウェアがパソコンに入りこむ経路として、Webサイト閲覧中にダウンロードさせられるものや、USBメモリを接続したことによるものもありますが、メールの添付ファイルとして送りつけられる例が多いのが現状です。

このような被害を防ぐために、受信したメールを処理するときに、さまざまな対策が実施されています。

まずは、不審なメールを自動的に判別し、場合によっては削除する機能が考えられます。これはメールフィルタリングとも呼ばれ、不審なファイルが添付されていたり、信頼できないサイトへのリンクを含んだりするメールが届いたときに、それをブロックするものです。

また、メールに添付されたファイルをスキャンして、マルウェアを検出する機能が考えられます。これはウイルススキャンとも呼ばれ、マルウェアとして検出した場合に、そのメールを削除できます。

これらでチェックしたとしても、すり抜けるメールは存在します。このときに大切なのは、受信者のセキュリティ意識の向上です。会社であれば従業員に対して教育や訓練を実施し、マルウェアに対する知識や対策を身につけることが重要です。不審なメールを開封したり、リンクをクリックしたりすることを防げれば、フィッシング詐欺の被害を避けられるだけでなく、マルウェアなどへの感染リスクを抑えられます。

■ 添付ファイルの盗難を防ぐ

取引先とファイルを共有するとき、メールにファイルを添付する方法が手軽なため、よく使われます。しかし、単純にファイルを添付すると、宛先のメールアドレスを間違えた場合にそのファイルが第三者に届いてしまいます。もし添付したファイルに個人情報や会社の機密情報が含まれていると、重大な情報漏えい事案となってしまいます。

また、正しい相手にメールを送信していても、メールの転送中に経由するネットワークの経路上やメールサーバーなどでそのメールを盗み見られてしまう可能性もあります。

そこで、メールの宛先間違いや経路上での盗み見を防ぐために、添付ファイルにパスワードを設定する方法が考えられました。受信者がファイルをパソコンに保存し、そのファイルを開くときにパスワードを要求する方法で、第三者がそのメールから添付ファイルを取得しても、ファイルの中身を閲覧できません。

ここで問題になるのが、そのパスワードを相手に伝える方法です。電話などメール以外の方法を使って伝えると確実ですが、複雑なパスワードを電話で伝えるのは難しく、数字などの単純なパスワードになりやすいです。しかも、メールであれば双方が空いている時間帯に確認できるものの、電話では相手の空き時間かどうか判断できません。

そこで、パスワードをメールに書いて送信する方法が使われるようになりました。しかし、ファイルを添付したメールと同じメールに書いてしまうと、宛先間違いや盗み見を防ぐことはできません。このため、**ファイルを添付したメールとは別に、新たにメールを作成し、そこにパスワードを書く方法が多く使われることになりました**（図 4-6）。

図 4-6　パスワードを別メールで送る

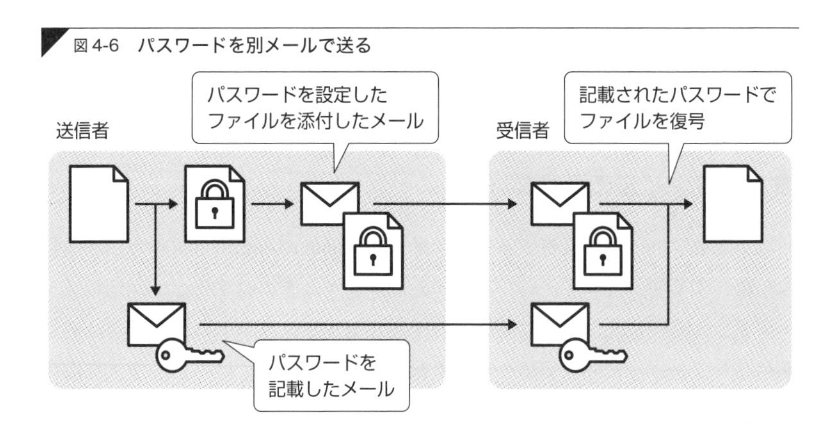

このような送信方法はPPAPと呼ばれています。これは、「パスワードを設定する」「パスワードを送る」「暗号化する」「プロトコル」という日本語の頭文字を取った言葉ですが、その手法の効果に疑問を持つ意味で使われています。

その理由として、次のような背景があります。

1. メールを分けても同じメールという手段を使っていては意味がない

ファイルを添付したメールとは別のメールではあるものの、メールを作成する人は同じような手順で宛先を入力します。このため、宛先を間違えて入力した場合には、次のメールでも宛先を間違える可能性があります。

また、途中の経路で盗み見ようとした場合は、他のメールも盗み見られる可能性があります。メールを送信するときの送信者と受信者が同じであれば、経由するメールサーバーも同じであることが考えられます。

このため、メールを使っている以上、対策になっていないと考えられます。

2. パスワードを設定するとウイルス対策ソフトで検出できない

メールにマルウェアが添付される例で解説したように、メールを使った攻撃は頻繁に観測されています。このため、メールサーバーでは届いたメールに不審なファイルが添付されていないかをチェックするプログラムが使われていることがあります。

メールソフトの側でも、受信したメールの添付ファイルをチェックするウイルス対策機能を用意していることがあります。このため、利用者が添付ファイルを開く前に除外したり、警告を出したりできるようになりました。

しかし、パスワードを設定した添付ファイルについては、そのパスワードを入力しないと中身を調べることはできないため、ウイルス対策機能が働きません。

これにより、パスワードを入力して添付ファイルを開くまで中身に問題があるかわからず、パスワードを設定したことによってセキュリティレベルが低下することが考えられます。

3. ファイルを受け取れると総当たり攻撃ができる

上記は第三者がファイルを開けないことが前提ですが、メールに添付されたファイルは相手の手元に届いています。そして、パスワードが設定されたファイルに対しては総当たり攻撃が可能です。

つまり、パスワードを順に試せてしまいます。もし4桁の数字であれば、「0000」「0001」「0002」…と順に入力すると、短期間で解読できてしまいます。桁数が増えても、コンピュータは高速化を続けており、複数のコンピュータで並列に試すと、比較的短時間で解読されてしまう可能性があります。たとえば、4桁から8桁程度で数字だけのパスワードであることがわかっていれば、家庭用のコンピュータでも1分以内で解読できてしまいます。

Webサイトへのログインであれば、3度間違えるとロックするなどの対応が可能ですが、ファイルの場合はいくらでもコピーが可能であり、何度間違えてもロックすることはできません。

このため、パスワードを設定したファイルを添付しても、その効果には疑問が残るのです。

近年では、このリスクを減らすため、PPAPを避けてGoogle DriveやOne Drive、Boxなどのファイル共有サービスにファイルを格納し、そのファイルのURLをメールに記載する方法が推奨されています。

この方法であれば、宛先を間違えて送信しても、相手がダウンロードする前にファイル共有サービスからファイルを削除すれば問題ありません。また、ファイル共有サービスにはウイルスチェック機能があり、不審なファイルが登録されることもありません。

添付ファイルでは相手のメールボックスの容量を多く消費してしまいますが、ファイル共有サービスへのリンクのみであれば、それほど容量を消費しないこともメリットです。

■ 誤送信したメールの取り消し

メールの宛先を間違えた、ファイルを添付するのを忘れた、といった場合にメールの送信を取り消したいと感じる人は多いものです。しかし、SMTPにはメールの送信を取り消す機能はありません。

そんな中、**一部のメールソフトではメールの送信を取り消す機能を備えています**。たとえば、メールの送信ボタンを押したときに、それをすぐに送信するのではなく、一時的に保留しておく方法です。

30秒間保留するようなしくみになっていれば、その30秒間の間に取り消しの要求をすれば、メールの送信をなかったことにするのです。ファイルを添付し忘れたような場合は送信ボタンを押した直後に間違いに気づくことも多く、こういった場合には有効な機能です。

一時的に保留するため、取り消しをしないときも、宛先のメールサーバーに届くまでの時間がそれだけ遅くなります。しかし、30秒程度であれば届くのが遅れても問題ないことが多いでしょう。保留する時間は利用者が設定できることが多く、Gmailでは5秒、10秒、20秒、30秒といった時間を選択できます。

この方法では、メールの送信を取り消せる期間が限られています。設定した時間を過ぎるとメールは相手先のメールサーバーに送信され、取り消しはできなくなります。

メールサーバーによっては、受信者側のメールサーバーで届いたメールを自動的に削除してくれる機能を備えているものがあります。このとき、未開封の場合だけ削除する設定や、開封済みでも削除する設定もあります。

未開封の状態で削除すれば、受信者はメールが届いたことに気づきません。このため、間違えて送信してしまった場合には有効です。開封済みの場合は、受信者はメールが届いたことは把握していますが、一般に受信者側に削除を求める確認メッセージが表示されます。ここで削除を受け入れると、メールがサーバー上から削除されます。

なお、このような取り消しは、すべてのメールサーバーが対応しているわけではありません。MicrosoftのExchangeサーバーなど一部のサーバーでは対応していますが、送信者側と受信者側の双方がこのようなしくみを備えていないと有効ではありません。

4-5

メールの開封確認

使えるのはこんな人や場面！

- メールの開封状況を確認したいとき
- 画像を表示しない利用者におけるWebビーコンの問題点を知りたい方
- 画像以外にリンクなどを設置して開封状況を確認したいとき

■ 受信者がメールを読んだことを送信者が把握する

LINEなどのチャットツールを使ってやり取りする理由として、「相手が読んだことがわかる（既読になる）」ことがよく挙げられます。一般的なメールでは、相手がメールを開封したかわからないので不便です。

これは企業が宣伝にメールを使うときも同じです。どのくらい開封されているのかわからないと、その効果を測定できないのです。

このとき、HTMLメールを使うことで、本文の文字サイズや色を変えるだけでなく、本文中に画像を表示できます。この画像をメールに添付するのではなく、Webサーバー上に配置した画像に対するリンクとして記載します。

メールソフトは、そのメールを開いたときに、Webサーバーから画像を読み込みます。つまり、メールを開いたときにWebサーバーへのアクセスが発生するのです**【図4-7】**。

これは、Webサーバーの管理者としては、Webサーバーへのアクセスログを取得できることを意味します。このときに取得できる情報として、アクセスした人のIPアドレスや使っているWebブラウザ（この場合はメールソフト）などの利用者の情報に加えて、サーバー上のファイルのURLなどがあります。

図4-7　HTMLメール上の画像の表示

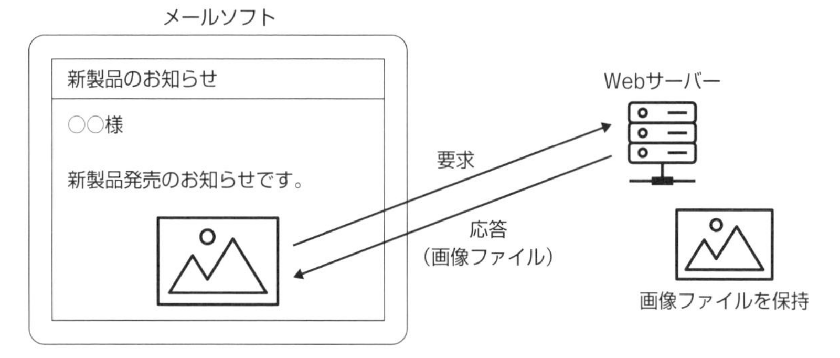

ただし、単純に画像を表示するだけでは、その画像へのアクセスがあったことはわかりますが、誰がメールを開いて画像にアクセスしたのかはわかりません。

そこで、画像のURLの末尾に、利用者ごとに異なるパラメータを付加する方法がよく使われます【図4-8】。

図4-8　HTMLで画像を表示するときのパラメータ

```
<img src="https://www.example.com/img/sample.png?u=8n4an3j8">
```

画像ファイルのURL　パラメータ

すべての宛先で共通　宛先によって異なる

このようなパラメータを付加すると、メールを開いたときにWebサーバーにアクセスしたことで残るアクセスログをたどって、誰がメールを開いたのかを確認できます。

つまり、Webサーバーへのアクセスがあったことを使って、メールを開封したことを判定できるのです。これは、メールを使った広告の場合に、その効果を測定することにつながります。

このとき、メールの中に企業のロゴや商品の写真などを画像として埋め込む他、利用者が気づかないような透明の画像を埋め込む方法も使われており、**Web ビーコン**とも呼ばれています。

■ 画像による開封確認の問題点

メールの中に画像を表示することで開封状況を確認する方法は企業から送信されるメールでよく使われていますが、**利用者によってはプライバシーを気にして画像の表示を無効にしている場合もあります**。

単純に開封状況を確認されるだけにとどまらず、受信者のメールソフトが Web サーバーに画像の取得を要求したときに、Web サーバー側で受信者の IP アドレスやブラウザ（メールソフト）の情報などを取得できるためです。

これらの情報だけで個人のプライバシーに関する情報を細かく取得できるわけではありませんが、そのあとにその企業の Web サイトを閲覧したときの情報を組み合わせると、利用者の興味や関心を知られる可能性があるためです。

また、画像の表示によって、メールが表示されるまでの速度が低下することや、通信量を気にする人もいます。メールに多くの画像が含まれていると、その読み込みに時間がかかります。低速なネットワーク回線を使っていると、メールを読むまでに受信者がメールの表示を待つことにストレスを感じたり、携帯電話回線の通信量が増えると速度を制限されたりすることもあるためです。

このため、利用者がメールソフトの設定で画像の表示を無効にしていると、開封状況は確認できません。メールを開いて閲覧しているものの、送信者としては開封状況を取得できません。

一方、**メールソフトや Web ブラウザによってはリンクの「先読み機能」を備えていることもあります**。利用者がメールを開く前にリンク先のページを先読みしておくことで、利用者がメールを開いたときの画像の表示や、メール中のリンクをクリックしたときのページの表示を高速化する機能です。この場合、利用者はメールを開いていないにも関わらず、開封したことにされてしまいます。

このため、画像による開封状況として取得できる値は正確な数値ではなく、あくまでも参考値として使用しなければなりません。

■ 画像以外の手法による開封確認

画像を埋め込む方法以外にも、**受信者がメールを開いたかどうかを確認する方法として、記載したURLのクリックがあります**。メールの宛先ごとに、記載するURLにパラメータを付加し、それぞれ異なるURLにアクセスさせることで、リンクをクリックしたときにWebサーバー側でアクセスログから開封を確認できます。

この方法はリンクをクリックする必要があるため、メールをどこまで読んだかを調べるためには有効な方法です。たとえば、メール中に複数のリンクを設置し、それぞれに異なるパラメータを記載しておきます**【図4-9】**。

図4-9 メール文中の複数のリンク

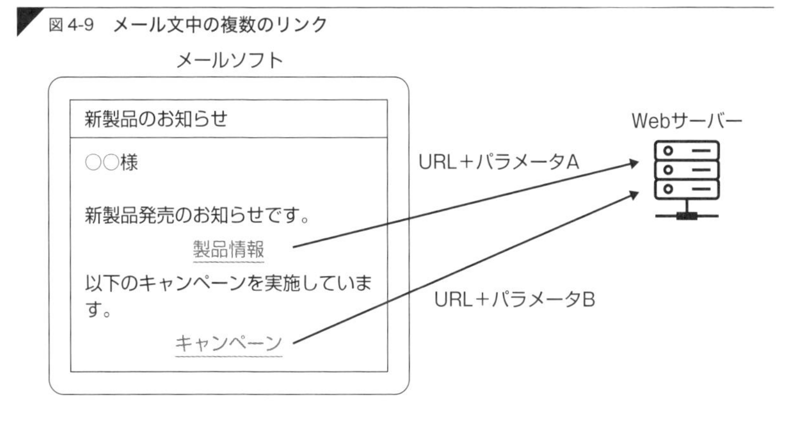

画像を表示する方法では、そのメールを開いた時点ですべての画像が読み込まれるため、受信者がそのメールをどこまで読んだかわかりませんが、**リンクのクリックであれば、そこまでスクロールして読んだことを確認できます。**

ただし、この方法も画像を使った開封確認で解説したように、リンクの先読み機能を搭載したメールソフト（Webブラウザ）では正確に測定できません。

こういった方法以外にも、特定のメールアドレスに返信させることで開封確認を行う方法もあります。

Exercises 練習問題

Q1 **日本語のメールの送信に多く使われた7ビットの文字コードはどれか。**

A）Shift_JIS　B）EUC-JP　C）UTF-8　D）ISO-2022-JP

Q2 **Base64の特徴について書いた文として正しいものはどれか。**

A）64ビットのコンピュータで高速に処理できる

B）64進数で数値を表現する表記法である

C）6ビットに変換し、対応する文字で表現する

D）IPv6からIPv4に変換する

Q3 **HTMLメールについての説明として正しいものはどれか。**

A）テキスト形式のメールよりも容量を小さくできる

B）文字に色をつけたり大きさを変えたりできる

C）どんなメールソフトでも表示できる

D）HTMLメール用のメールサーバーを用意する必要がある

Q4 **メールの開封を確認するために使われる手法として正しいものはどれか。**

A）画像をWebサイトに設置し、その画像のURLをHTMLメールに埋め込む

B）メールの本文に返信先のメールアドレスを記載し、返信を待つ

C）メールを送信後、宛先の担当者に電話して開封を依頼する

D）パスワードを書いた別のメールを送信し、ファイルを開かせる

正解）Q1：D、Q2：C、Q3：B、Q4：A

第5章

スパムメールを防ぐ技術

スパムメールをプロバイダが防ぐ方法として、第2章ではOP25Bや送信者の認証(SMTP AUTH)などについて解説しました。本章では、送信者を偽装したメールが届いたときに受信者側で確認する方法の他、スパムメールに分類されないように送信者側で工夫する手法を解説します。

5 - 1

差出人の偽装による攻撃

使えるのはこんな人や場面！

- 差出人の偽装を警戒したい方
- 大量のエラーメールによるスパムメールのしくみを知りたい方

■ From 欄の偽装

第２章で解説したように、メールの本文にある From 欄は自由に記述できるため、差出人の名前は容易に偽装できます。つまり、他人になりすましてメールを送信することは難しくありません。

SMTP のプロトコルを Telnet で入力する方法だけでなく、メールソフトを使って偽装する方法もあります。Gmail の設定画面で送信者の名前を入力する欄に適当な名前を入れて、自分宛に送信してみましょう**【図 5-1】**。

図 5-1　Gmail における送信者名の設定

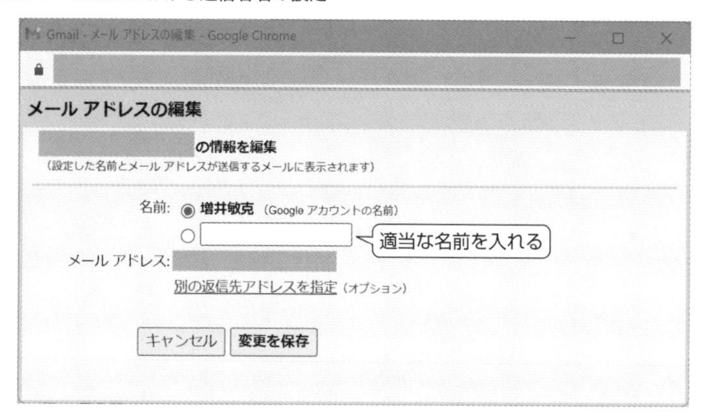

この画面で名前を変更すると、メールアドレスはそのままですが、相手に届いたときにメールの差出人の名前の欄には、書き換えた値が表示されます。

普段からメールアドレスを見ることなく、差出人の名前だけを見ていると、この程度の偽装でも第三者になりすまして送信されていることに気づかない人がいるかもしれません。ただし、これだけではメールアドレスを見ればおかしいことに気づきますし、メールを返信すると、元のメールアドレスに届きます。

次に、メールアドレスそのものを偽装してみましょう。Gmail では、異なるメールアドレスを使って送信することもでき、設定画面から指定できます。設定ボタンから「すべての設定を表示」→「アカウントとインポート」→「他のメールアドレスを追加」とたどると、**図 5-2** の画面が表示されます。

図 5-2　Gmail におけるメールアドレス追加画面

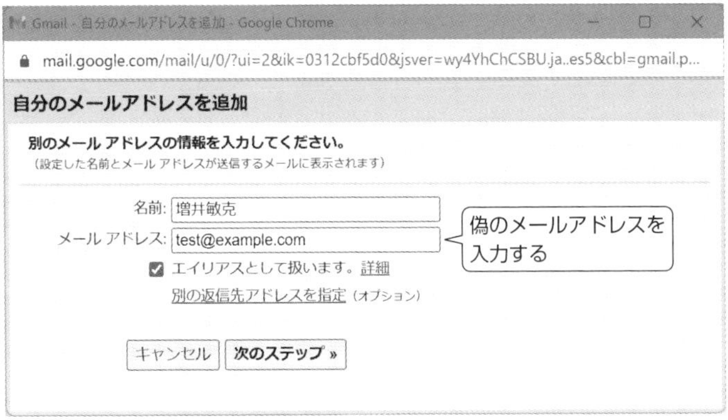

Gmail - 自分のメールアドレスを追加 - Google Chrome
mail.google.com/mail/u/0/?ui=2&ik=0312cbf5d0&jsver=wy4YhChCSBU.ja..es5&cbl=gmail.p...
自分のメールアドレスを追加
別のメール アドレスの情報を入力してください。
（設定した名前とメール アドレスが送信するメールに表示されます）
名前: 増井敏克
メール アドレス: test@example.com
エイリアスとして扱います。詳細
別の返信先アドレスを指定（オプション）
キャンセル　**次のステップ »**
偽のメールアドレスを入力する

ここで、名前やメールアドレスを指定できます。そして、「次のステップ」ボタンから、自分が契約しているプロバイダやレンタルサーバーの情報を入力すると、そのサーバーを経由して送信できます。

送信に使う ID やパスワードなどの情報は自分のものですが、**図 5-2** で指定する名前やメールアドレスは適当なものを使用できます。これにより、受け取った人の画面では送信者の名前もメールアドレスも書き換えられています。

これはGmailにおける設定に限った話ではなく、一般的なメールソフトでも同じです。**このため、差出人の名前やメールアドレスを見ているだけでは本物かどうかを直感的に判断するのは難しいものです。**

メールに返信すると、記載されているメールアドレスに届くため、本来の相手には届きませんが、フィッシング詐欺などに使用するのであれば返信を考えないため、悪用できてしまいます。

通常の郵便でも、誰かが勝手に送り主の名前として他人の名前を書いて投函できるように、メールでも同じことが簡単にできるのです。

memo

届いたメールが偽装されたものであるかを確認するとき、一般的には、これまでも解説してきたメールのヘッダー部分で判断します。差出人の欄に表示されるのはヘッダーのFrom欄に書かれている内容ですが、偽装されている場合はエンベロープFromの内容と一致しません。
このエンベロープFromは「Return-Path:」という部分に書かれていますので、この部分を確認すれば本来の差出人を判断できます。
ただし、この内容も偽装できることはこれまでに解説した通りです。VPSなどで独自のメールサーバーを構築し、そこにログインして送信すれば、自由な値を入力してメールを送信できます。
他には、第2章で解説した「Received:」というメールヘッダーの行を確認する方法があります。このReceivedは書き換えられないため、信頼できる情報だと考えてよいでしょう。
ただし、正規のメールがどのようなルートで配信されるのかを確認できないと、届いたメールが正規のものなのか偽装されたものなのかを判断することは難しいものです。
つまり、後述する送信ドメイン認証を使わないと、一般の利用者が手の込んだ差出人の偽装に気づくのは困難だといえます。

■ エラーメールを使ったスパムメール

前項で解説した方法は、攻撃したいメールアドレスを「宛先」に指定してスパムメールを送信するものでした。この場合、宛先に指定されたメールアドレスの利用者が注意していれば、それほど大きな被害はありません。また、宛先として指定されたメールアドレスを管理するメールサーバーで、特定のメールサーバーから送信されてくるメールを拒否する方法も考えられます。

しかし、スパムメールは「宛先」に指定して送信されるだけではありません。「差出人」を書き換えられるということは、特定の攻撃対象のメールアドレスを偽装して、適当なメールを自由に送信できることを意味します。

差出人を偽装したメールを送信したとき、その宛先が存在しないと差出人のメールアドレスにエラーメールが返ってきます。これを悪用して、特定のメールアドレスを攻撃するのです**【図 5-3】**。

図 5-3　エラーメールによる攻撃

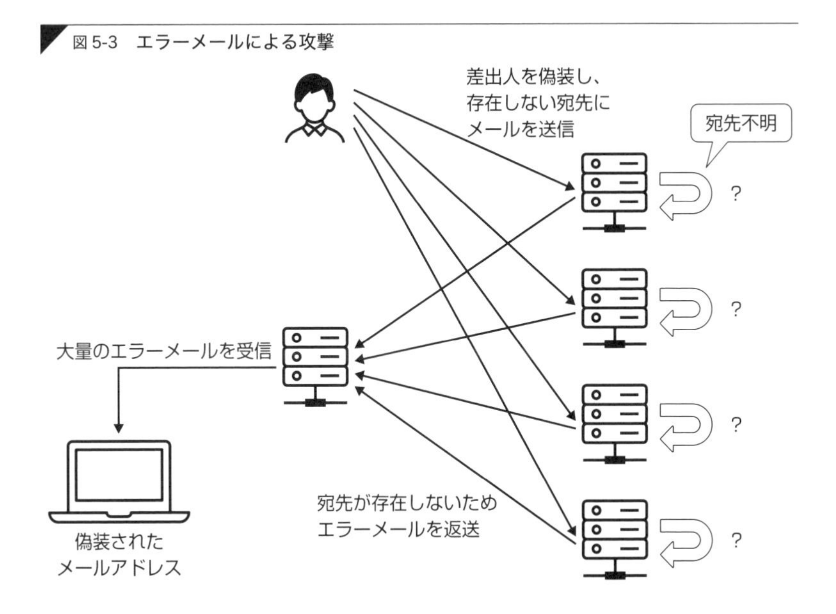

つまり、**差出人を偽装して宛先に被害を与えるのではなく、宛先が存在しないときに返ってくるエラーメールを差出人である特定のメールアドレスに大量に送りつける**方法です。

宛先として偽のメールアドレスが指定されたのであれば、そのメールの送信元であるメールサーバーからのメールを拒否する方法である程度の被害は抑えられます。しかし、差出人を偽装して送信され、そのエラーメールが届く場合、さまざまなメールサーバーからエラーメールが送信されてきます。つまり、受け取る側としては特定のメールサーバーからのメールを拒否することはできません。

このような複数のサーバーを踏み台にして特定のサーバーを攻撃する方法はメールに限らず、さまざまなところで使われています。たとえば、DNS においては、「DNS リフレクション攻撃」や「DNS リフレクター攻撃」「DNS アンプ攻撃」などと呼ばれています**【図 5-4】**。

図 5-4　DNS リフレクション攻撃

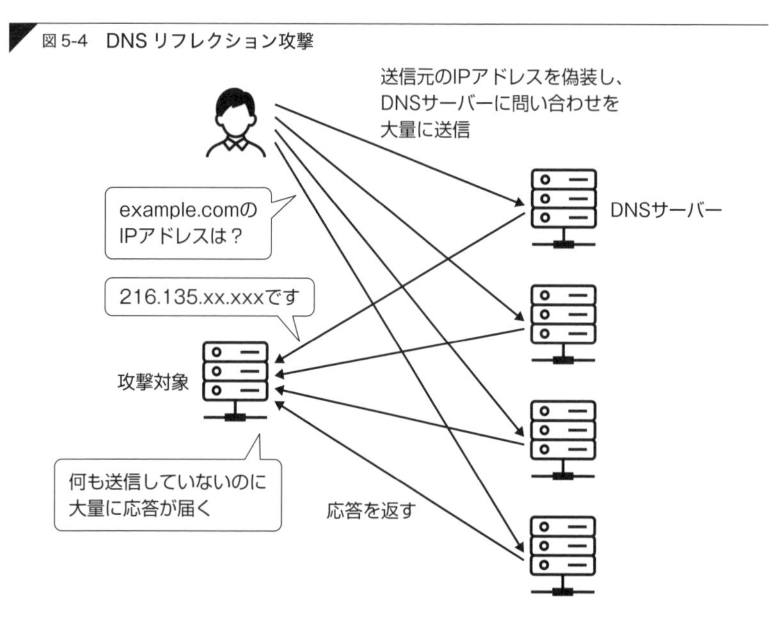

このような攻撃を防ぐために、攻撃対象となったサーバーなどでできることは少なく、応答を返す側の対策が求められます。

5-2

送信者の認証による対策

使えるのはこんな人や場面！

- 正規の送信者の確認方法を知りたい方
- SPF と DKIM、DMARC の設定方法を知りたい方
- ARC や BIMI など新しく登場した手法について知りたい方

■ SPF でメールサーバーのドメインを認証する

前節で解説したように差出人を偽装されると、受信者は From 欄に書かれている内容を信頼できなくなってしまいます。請求書を添付したメールが送信されるようなビジネスメール詐欺では、差出人の名前やメールアドレスを信頼して、メールに記載されている通りに振り込んでしまい、金銭的な被害に遭う可能性があります。

このように偽装したメールを送信できてしまう理由として、自分が使用しているメールアドレス以外を指定してもメールを送信できてしまうことが挙げられます。OP25B や SMTP AUTH のような手法で送信者を認証する方法はありますが、これは送信者が正規のアカウントであるかの認証であって、差出人のメールアドレスを調べるものではありません。

そこで、**メールの差出人として指定されたメールアドレスが、正規のメールサーバーを経由して送信されたのかを受信者が確認できるしくみが求められました**。これを**送信ドメイン認証**といいます。

送信者側が設定することによって送信ドメイン認証を実現する方法の 1 つが **SPF**（Sender Policy Framework）です。**SPF は RFC 7208 で定められている技術で、メールに書かれている「エンベロープ From のドメイン」と「送信元のメールサーバーの IP アドレス」が一致しているかを受信側のメー**

ルサーバーで確認します。

第２章で解説したように、エンベロープ From はメールを届ける相手が存在しない場合にエラーメールを配送するメールアドレスで、メールを送信したときに受信側のメールサーバーによって Return-Path に設定されます。

つまり、メール本文の From とは関係なく、どのメールサーバーからメールが送信されたのか、メールの送信元であるドメインが記載されています。このドメインと IP アドレスの対応を確認するために、DNS サーバーを使用します。DNS サーバーにテキストレコードとして SPF に関する項目を設定することで、受信者側のメールサーバーは、送信元ドメインの DNS サーバーを確認し、正当なメール送信元であるかを判断できるのです**【図 5-5】**。

図 5-5　SPF の動作

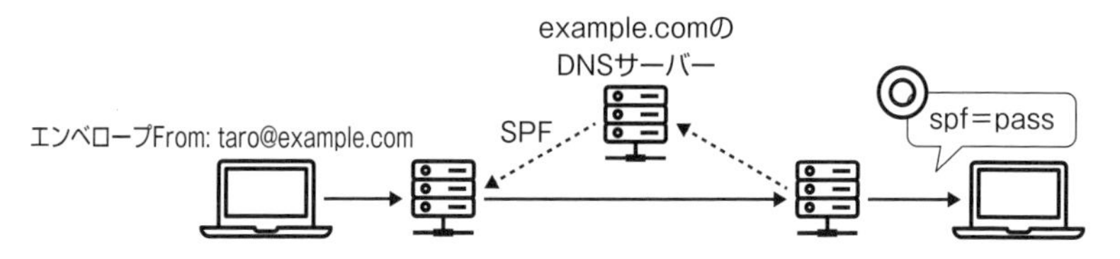

たとえば、送信側が管理する DNS サーバーにテキストレコードとして次のような SPF に関する項目を設定したとします。このようなレコードを **SPF レコード**といいます。

```
example.com. IN TXT "v=spf1 ip4:192.168.1.1 -all"
```

これは、「example.com」というドメインの SMTP メールサーバーについての SPF レコードで、このドメインが使用している SMTP サーバーの IPv4 アドレスが「192.168.1.1」だけであることを表しています。

そして、このメールサーバーからメールが送信されると、受信者に届いたメールは次のように書かれています。

```
Return-Path: taro@example.com
        :
        :
From: taro@example.com
Subject: テスト
Received-SPF: pass

いつもお世話になっております。
```

このヘッダー部分にある「Received-SPF: pass」は、受信側のメールサーバーが送信元である example.com の DNS サーバーに問い合わせた結果、正しい IP アドレスから送信されたメールであったことを確認し、受け取ったメールサーバーがメールのヘッダーに付加したものです。つまり、正規のメールサーバーから送信されたメールであることを意味しています。

一方で、異なるメールサーバーを使って第三者がメールを送信した場合、IP アドレスが一致しないため、「Received-SPF: fail」のような行がメールヘッダー内に追加されます。これにより、受信者は不審なメールだと判断できます。

このように、SPF を設定してもスパムメールが送信されなくなるわけではありません。しかし、DNS サーバーに SPF レコードを設定することで、メールの送信元を偽装したスパムメールが配信されてきた場合に、それが正規のメールサーバーから送信されたメールでないことに受信者が気づけます。

さて、ここで「送信元のメールサーバーの IP アドレス」はどのタイミングで知るのでしょうか？

DNS サーバーに登録した IP アドレスから接続されているかどうかを判断するには、どの IP アドレスから接続されているかを知る必要があります。

そこで、メールサーバーに接続するときに使う「HELO」や「EHLO」コマンドのタイミングで、送信元の IP アドレスを調べることが RFC 7208 で定められています。これにより、送信元を認証できます。

もしこの設定のままリレーサーバーなどを使用して中継してしまうと、送信元の IP アドレスと IP アドレスが一致せず、SPF の認証結果が Fail となってしまいますので注意が必要です**【図 5-6】**。

図5-6　リレーサーバー使用時のSPFの検証

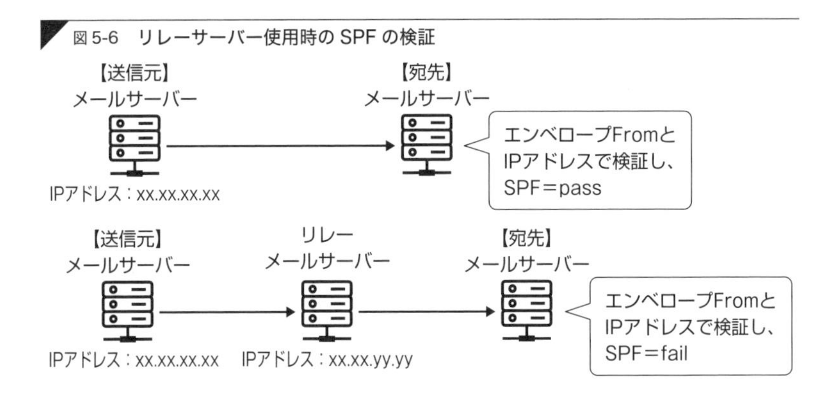

なお、メールサーバーによっては、SPFレコードをDNSサーバーに設定していないメールサーバーからのメールを拒否するような設定にしている場合もあります。たとえば、第3章ではメールを送信しようとしたときに、宛先のメールアドレスがGmailの場合には送信できないことを脚注で記載しました。実際にメールを送信すると、**図5-7**のようなエラーメールが返ってきます。

図5-7　Gmailに対する送信エラー

宛先（自分）

Undelivered Mail Returned to Sender

```
This is the mail system at host mail.            .com.

I'm sorry to have to inform you that your message could not
be delivered to one or more recipients. It's attached below.

For further assistance, please send mail to postmaster.

If you do so, please include this problem report. You can
delete your own text from the attached returned message.

                   The mail system

<          @gmail.com>: host
    gmail-smtp-in.l.google.com[2404:6800:4008:c05::1a] said: 550-5.7.26 This
    mail is unauthenticated, which poses a security risk to the 550-5.7.26
    sender and Gmail users, and has been blocked. The sender must 550-5.7.26
    authenticate with at least one of SPF or DKIM. For this message, 550-5.7.26
    DKIM checks did not pass and SPF check for [          .com] did not
    550-5.7.26 pass with ip: [2406:          :100]. The sender
    should 550-5.7.26 visit 550-5.7.26
    https://support.google.com/mail/answer/81126#authentication for 550 5.7.26
    instructions on setting up authentication.
    i131-20020a636d89000000b00565e257684bsi8911052pgc.453 - gsmtp (in reply to
    end of DATA command)
```

この本文中に書かれている「550-5.7.26」というエラーコードは、送信元のメールサーバーが信頼できないことを意味しています。つまり、SPFの設定と異なるサーバーから送信すると、受信者側で迷惑メールに振り分けられるどころか、送信すらできない（宛先のメールサーバーが受け付けてくれない）ようになりつつあります。

■ Fromを偽装しSPFを無効にする

SPFを指定すると、送信者が正規のメールサーバーを使用して送信していることを受信側のメールサーバーで検証できます。しかし、SPFを使用していない偽のメールサーバーを使用して、エンベロープFromに適当なメールアドレスを指定すると、SPFのチェックは行われません**【図5-8】**。

図5-8 SPFのチェック

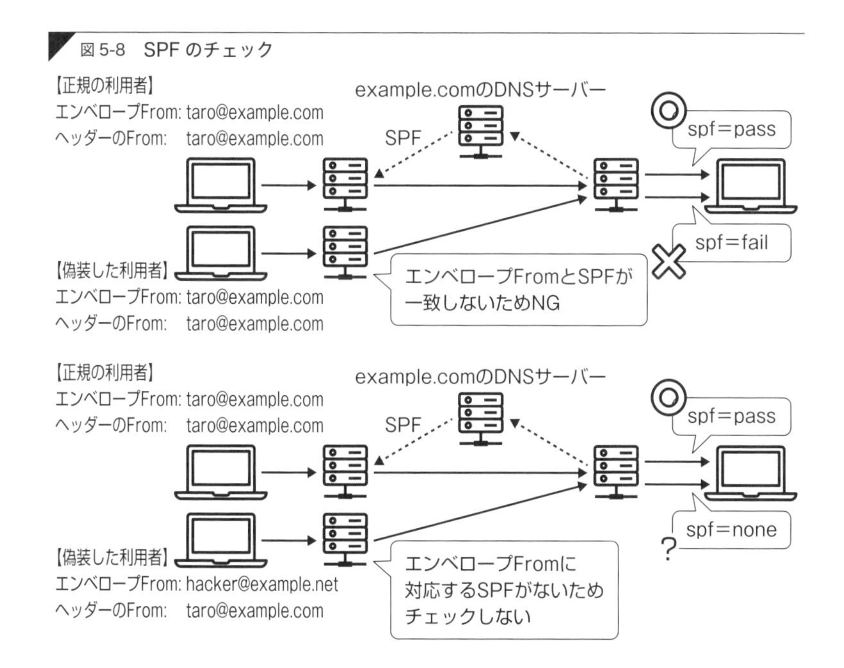

たとえば、**図5-8**の上の例では、正規の利用者はDNSサーバーでSPFを

設定したメールサーバーからメールを送信しているため、受信者側では問題ないメールだと判断できます。偽装した利用者は異なるメールサーバーから送信しているため、受信側のメールサーバーでは怪しいメールだと判断できます。

ここで問題なのは**図 5-8** の下の例です。偽装した利用者はエンベロープFrom とヘッダーの From が異なるメールを送信します。このときに使用するメールサーバーには DNS で SPF が指定されていないため、怪しいメールだとは判断できません。

つまり、エンベロープ From に自分のメールサーバーを指定し、ヘッダーの From として偽のメールアドレスを使用するのです。第 2 章で解説したように、メール配信用のサーバーなどを使用する場合は、ヘッダーの From とエンベロープ From が異なることがあります。

これを悪用し、エンベロープ From としてスパムメール送信者のアドレスを指定し、ヘッダーの From を偽装するのです。このドメインに、SPF が指定されていないと、「spf=none」となります。多くのメールサーバーでは、SPF が設定されていないメールでも問題なく処理することが一般的なため、なりすましのメールに気づくことはできません。

さらに、DNS サーバーに SPF レコードを設定したメールサーバーを用意する方法もあります。偽装した利用者が用意した DNS サーバーに SPF レコードを設定し、ヘッダーの From に偽のメールアドレスを使用します**【図 5-9】**。

図 5-9　偽装したメールサーバーにも SPF を設定する

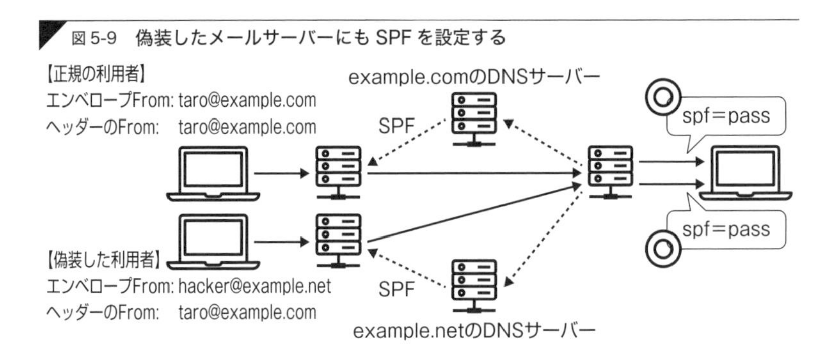

この場合は、エンベロープFromとヘッダーのFromは異なりますが、エンベロープFromと対応するメールサーバーのIPアドレスが一致するため、SPFはPASSしています。

つまり、SPFを設定するだけでは、問題ないメールのように見えてしまい、差出人のメールアドレスのみを見て判断している一般の利用者が差出人の偽装を完全に見抜くことは難しいものです。

このように、SPFだけを使うのではなく、後述の複数の方法を組み合わせることが求められています。

■ SPFレコードの記述方法

この節の冒頭では、DNSのSPFレコードとして、次のような値を記述しました。

```
example.com. IN TXT "v=spf1 ip4:192.168.1.1 -all"
```

この指定方法を間違えるとスパムメールと判断されたり、送信すらできなくなったりする可能性があるため、慎重に設定しなければなりません。間違えやすい部分もあるため、その記述方法について知っておきましょう。

まずは最後の「-all」という指定です。**これは、「指定されたもの以外は許可しない」という意味です。**つまり、上記の場合は「192.168.1.1」というIPアドレス以外から送信されたメールは許可されません。

つまり、このIPアドレス以外からのメールは削除されるべきであることを意味し、**ハードフェイル**と呼ばれます。ハードフェイルの場合、正規のメールサーバーからのメールは「Received-SPF: pass」、それ以外のメールサーバーからのメールは「Received-SPF: fail」と表示されます。

これ以外に「~all」という指定もあります。「-（ハイフン）」ではなく「~（チルダ）」を使っていることが違いです。この場合、**指定されたメールサーバー以外からのメールは配信できるが怪しいものとしてマークする**ことを意味し、**ソフトフェイル**と呼ばれます。ソフトフェイルの場合も、正規のメールサーバーからのメールは「Received-SPF: pass」ですが、それ以外からのメールは「Received-SPF: softfail」と表示されます。

メールサーバーが1つの場合は、前ページのようにIPアドレスを指定しますが、複数のメールサーバーを運用したい場合は、それぞれのIPアドレスをスペースで区切って指定します。次のようにIPアドレスを並べると、指定したIPアドレスからのメールは許可するという意味です。

```
example.com. IN TXT "v=spf1 ip4:192.168.1.1 ip4:192.168.1.2
-all"
```

IPアドレスの範囲を指定したい場合は、IPアドレスの後ろに「/」を追加したCIDR方式※1で記述します。たとえば、「192.168.1.0/24」のように指定すると、「192.168.1.1～192.168.1.254」の範囲を意味します。

```
example.com. IN TXT "v=spf1 ip4:192.168.1.0/24 -all"
```

また、IPアドレスではなく「include」と合わせてドメイン名を記述する方法もよく使われます。たとえば、次のように書くと、「example.org」というドメインと同じ内容で「example.com」のドメインのSPFを設定できます。

```
example.com. IN TXT "v=spf1 include:example.org -all"
```

DNSサーバーで設定しているAレコードやMXレコードの内容を参照することもできます。AレコードやMXレコードを参照するときは、次のように記述します。

```
example.com. IN TXT "v=spf1 a:mail.example.com -all"
```

```
example.com. IN TXT "v=spf1 mx -all"
```

※1 Classless Inter-Domain Routingの略。IPアドレスのネットワーク部のビット数を指定してサブネットマスクを表記することで、IPアドレスの範囲を指定する方法。

注意しなければならないのは、SPF レコードを複数記述してしまうミスです。たとえば、次のように同じドメインに対して複数の SPF レコードを指定してしまうと、「Received-SPF: permerror」という認証に失敗したことを示すエラーになります。

```
example.com. IN TXT "v=spf1 ip4:192.168.1.0/24 -all"
example.com. IN TXT "v=spf1 include:example.org -all"
```

このように複数の項目をまとめて記述したい場合は、1 つの行に複数の指定を書きます。

```
example.com. IN TXT "v=spf1 ip4:192.168.1.0/24 include:example.org
-all"
```

include を使うときにループしてしまう例も考えられます。次の例は、「example.com」に対して「include:example.com」と指定しており、ループしています。

```
example.com. IN TXT "v=spf1 include:example.com -all"
```

さらに、「-all」や「~all」は最後に指定する必要があり、次のような指定は誤りです。

```
example.com. IN TXT "v=spf1 -all ip4:192.168.1.0/24"
```

その他、文法上のミスによるエラーもよくあります。たとえば、次のような指定があります。

ip4 が ipv4 になっている
`example.com. IN TXT "v=spf1 ipv4:192.168.1.0/24 -all"`

コロンのあとに空白が入っている
`example.com. IN TXT "v=spf1 ip4: 192.168.1.0/24 -all"`

IP アドレスをただ並べている
`example.com. IN TXT "v=spf1 ip4:192.168.1.1 192.168.1.2 -all"`

複数の SPF レコードを設定したことによるトラブルは大手の会社でも発生していますので、慎重に設定しなければなりません。また、設定したときに、確認サイト※2 などでその設定内容をチェックします。

■ DKIM の署名で送信元を認証する

SPF はエンベロープ From とメールサーバーの IP アドレスで認証しましたが、この他に送信ドメイン認証を実現する方法として、**DKIM**（DomainKeys Identified Mail）があります。

DKIM は公開鍵暗号方式を使ってメールのヘッダーや本文から作成したデジタル署名をメールに付加し、メールサーバーがその署名を検証することで、メールの送信元を認証する技術です。また、署名することで改ざんを防止できるというメリットもあります。

具体的には、公開鍵と秘密鍵を生成し、DNS サーバーに公開鍵を登録しておきます。メールを送信するときは、メールのハッシュ値を求め、送信側のメールサーバーに保存されている秘密鍵で暗号化したものを署名として作成します。そして、メールのヘッダー部分に、メールのハッシュ値と署名、ドメイン名などを記載します。

受信側のメールサーバーは届いたメールからハッシュ値を計算するとともに、DNS サーバーに記載されている公開鍵を使用してメールのヘッダーにある署名を復号します。そして、メールのハッシュ値と復号した値が一致することを

※2「SPF Surveyor」https://dmarcian.com/spf-survey/

確認することで送信者を認証します【図 5-10】。

図 5-10　DKIM の検証

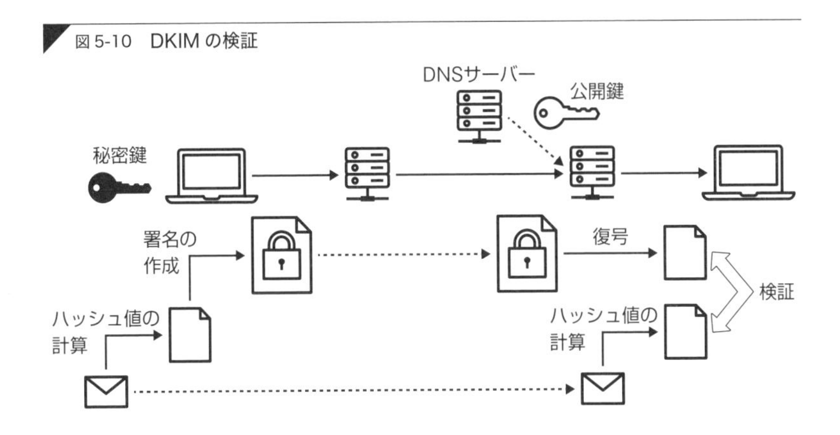

第三者がなりすましてメールを送信しようとすると、秘密鍵を知らないためハッシュ値を暗号化して署名を作成できず、メールのヘッダー部分に署名を記載できません。

また、既存のメールを再利用して送信しようとしても、件名や本文などを書き換えるとハッシュ値が変わるため、受信者側での検証に失敗します。これにより、改ざんを検出できます。

ただし、第三者が偽のメールサーバーを使用して、DKIM をつけずに送信することはできます。この場合、送信元のメールアドレスに対応するメールサーバーは、本来のメールサーバーではありません。そして、DKIM を使わずに送信されたメールについては DKIM を検証できないため、受信者は DKIM 設定をしていないメールと同じように感じてしまいます。

普段から DKIM で署名がついていることを確認している受信者であれば、違和感を持つかもしれませんが、そうでなければ気づかない可能性があるのです【図 5-11】。

図 5-11 DKIM をつけずに送信する

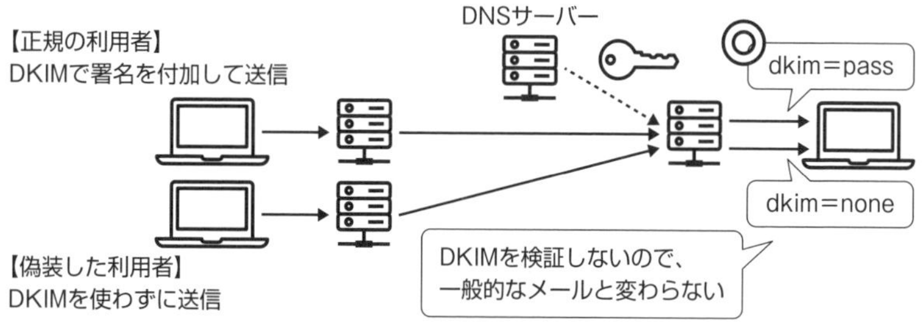

また、偽のメールサーバーに対応する DNS サーバーに DKIM を設定することも考えられます。DKIM の署名に記述されたドメイン名のサーバーから送信すると、DKIM の署名やハッシュの検証にも成功します。これは SPF のときと同様に、ヘッダーの From を偽装することで、受信者は気づかない可能性があります**【図 5-12】**。

図 5-12 偽の DKIM を付加して送信する

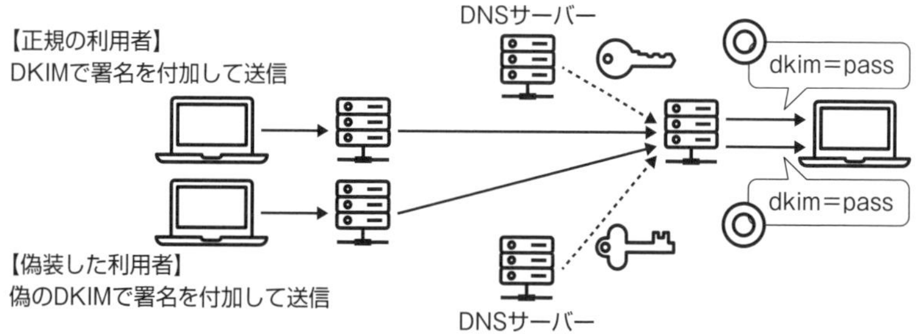

■ DKIM のしくみ

DKIM による署名を実現するためには、SPF と同様に DNS サーバーを設定します。具体的には、次のようなテキストレコードを DNS サーバーに登録します。これを **DKIM レコード**といいます。

```
s1._domainkey.example.com. IN TXT "v=DKIM1;k=rsa;p=ABCD…"
```

このDKIMレコードの左端にあるドメインのような部分は後述します。ここでは、右端にある「p=」の部分に注目します。これは公開鍵をBase64で符号化したものです。この公開鍵や秘密鍵の生成には、OpenSSLなどを使用します。

DKIMの暗号化アルゴリズムとして、DKIMの署名について書かれたRFC 6376ではRSA-SHA1やRSA-SHA256が定義されていますが、暗号化アルゴリムについて更新されたRFC 8301では、署名や検証にRSA-SHA256を使うことが求められており、RSA-SHA1は使用してはならないとされています。また、署名は1024ビット以上が必須で、2048ビット以上が推奨されています。

ここで、1つ問題が発生します。DNSサーバーではTXTレコードの最大文字数が255文字とされており、2048ビットのDKIM鍵を使おうとすると、この文字数に収まりません※3。

ただし、1つのTXTレコードには、255文字までの文字列を複数追加でき、最大長は4000文字まで認められています。このため、**次のように鍵の文字列を分割して引用符で囲み、それを並べたレコードを作成する方法が使われています**。

```
s1._domainkey.example.com. IN TXT  ("v=DKIM1;k=rsa;"
                                     "p=ABCDEF…XYZ"
                                     "abcdef…xyz"
                                     "aabbcc")
```

また、RFC 8463では楕円曲線暗号を使った方法も文書化されています。楕円曲線暗号では鍵長が短くて済むため、上記のような文字数の問題を現時点では避けられます。

OpenSSLで秘密鍵や公開鍵を生成するときは、次のコマンドを実行します。

※3 1文字を8ビットとすると、2048ビットは256文字となる。さらに、「v=DKIM1;p=」といった文字を先頭に付加する必要がある。

秘密鍵の生成

```
$ openssl genrsa -out private.pem 2048
```

公開鍵の生成

```
$ openssl rsa -in private.pem -pubout -out public.key
```

これで、秘密鍵が「private.pem」というファイルに、公開鍵が「public.key」というファイルに出力されます。ここで生成された公開鍵の値をDNSサーバーに登録するのです。

PKI（公開鍵基盤）を使う場合は、公開鍵を作成するとそれを登録局に申請し、認証局で発行された証明書を使いますが、**DKIMでは認証局によって発行された証明書は使いません**。秘密鍵と公開鍵のペアを作成し、公開鍵を登録するだけで済みます**【図5-13】**。

図5-13　PKIの証明書とDKIMの違い

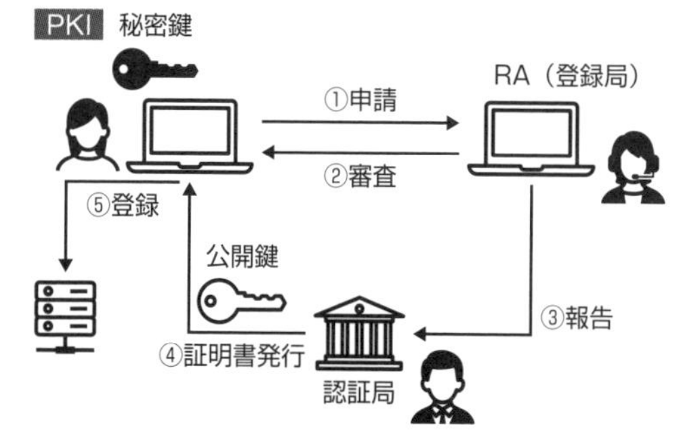

ただし、DKIMの公開鍵や秘密鍵は一度だけ設定すれば終わるわけではありません。もし秘密鍵が漏えいすると、第三者がそれを使ってスパムメールを送信できるためです。

秘密鍵が漏えいしなくても、同じ鍵を使ってメールを何度も送信すると、それらを傍受して解読される可能性があるため、秘密鍵の漏えいや危殆化のリスクを想定し、数ヶ月から数年程度で鍵を更新することが求められています。これを**DKIMキーローテーション**といいます。

近年では、プログラムなどで自動的にローテーションするしくみを用いることが多いため、手動で設定することはほとんどなくなっています。

次に、p.203で「後述する」と書いた「レコードの左端にあるドメインのような部分」の設定です。次のようなフォーマットで指定します。

```
[セレクター名]._domainkey.[ドメイン名]
```

このセレクター名は、ドメインに対して一意である必要があります。しかも、前述したようにDKIMキーローテーションによって鍵が変わったときに重複しないように設定しなければなりません。このため、連番を付与するか、日付などを指定した「xxx-20231231」のようなものがよく使われます。

ここから先はOpenDKIM※4などのソフトウェアを使えば自動的に処理してくれますが、コマンドで送信する場合を想定して、メールに署名を付加する手順について解説します。

署名を付加するには、まずは本文のハッシュ値を求める必要があります。そして、求めたハッシュ値を使って送信者の秘密鍵で暗号化したものを署名として作成するのでした。

まずは本文のハッシュ値を求めるために、次のようなコマンドを実行します。

本文のハッシュ値の計算

```
$ echo -n 'ここに本文' | openssl sha256 -binary | openssl base64 -e
```

そして、出力された値を使って、次のような仮のヘッダーを作成します。

```
DKIM-Signature: a=rsa-sha256; c=simple/simple;
    d=example.com; s=s1; t=1694667975;
    h=from:to:subject;
    bh={{出力されたハッシュ}}; b=
```

※4 http://www.opendkim.org

この「a=」では暗号化アルゴリズムとしてRSA-SHA256を指定しており、「c=」ではヘッダーと本文で使用する正規化アルゴリズムを指定します。これは、配送の途中でヘッダーの大文字・小文字が変化したり、余分な空白が追加されたりしたときにハッシュ値が変わってしまうことに備えるものです。「simple」は最小限の変更のみを認める方法で大文字・小文字の変更や余分な空白の追加は認めません。「relaxed」はある程度許容する方法で、大文字・小文字の変更や余分な空白の追加を認めます。

また、「d=」に指定したものがドメインで、「SDID（Signing Domain Identifier）」と呼ばれます。このSDIDによってDNSサーバーからDKIMレコードを取得します。

また、「s=」に指定したものが前ページで解説したセレクターと呼ばれる項目です。今回は、「d=example.com; s=s1;」と書かれているため、DNSから「s1._domainkey.example.com」というレコードを参照します。

そして、「t=」には署名した時刻をUNIXタイムスタンプ※5で指定します。「h=」に指定したものが署名に使用するヘッダーです。Fromは必須とされていますが、その他の項目は差出人が自由に決められるため、使用した項目を記載します。

ここでは指定した項目（今回はFrom、To、Subject）と、上記の仮のヘッダーを使って署名を作成します。

署名の作成

```
$ echo -n 'From:taro@example.com\r\nTo:hanako@example.com\r\nSubject:test\r\nDkim-Signature:.....b=' | openssl dgst -sha256 -sign private.pem | openssl base64 -e
```

そして、出力された値を次のようなヘッダーとして作成します。

※5 1970年1月1日午前0時0分0秒からの経過秒数。

```
DKIM-Signature: a=rsa-sha256; c=relax/simple;
    d=example.com; s=s1; t=1694667975;
    h=from:to:subject;
    bh={{ 出力されたハッシュ}}; b={{ 出力された署名 }}
```

受信した側は、届いたメールのヘッダーに書かれている「DKIM-Signature」から「d=」と「s=」の部分を取り出します。そして、この値をもとにDNSサーバーからDKIMの公開鍵を取得します。

続いて、メールの本文からハッシュ値を計算します。この計算は送信側の処理と同じです。

本文のハッシュ値の計算

```
$ echo -n 'ここに本文' | openssl sha256 -binary | openssl base64 -e
```

これに加えて、届いた署名をBase64から戻し、公開鍵を使って復号します。

署名の検証

```
$ echo -n 'DKIMの 値.....' | openssl base64 -d | openssl dgst
-sha256 -verify public.key
```

この値が計算したハッシュ値を同じであれば問題ありません。**実際には、これらをすべてOpenDKIMなどのソフトウェアが処理してくれます。**メールを送信するときにはOpenSSLや署名などを意識する必要はありません。

■ DMARC の設定

このように、SPF や DKIM といった送信ドメイン認証の技術が用意され、一定の効果はあるものの、第三者がなりすましてこれを避けることもできてしまうことについて解説しました。

また、SPF や DKIM は受信側のメールサーバーが送信元を認証するためのしくみであり、第三者によってなりすましたメールが勝手に送信されていても、送信側は何も検知できません。所有しているドメインを使って悪意のあるメールが大量送信されていても、異なるメールサーバーから送信されていると、気づくことは困難です。

そこで、**DNS サーバーに設定した SPF や DKIM の情報に加え、ヘッダーの From の情報を組み合わせて送信ドメイン認証を実現する**技術として **DMARC**（Domain-based Message Authentication, Reporting and Conformance）があります。

名前に「Reporting」という言葉が入っているように、認証の結果を報告してくれるしくみが含まれていることが特徴です。

また、SPF では、エンベロープ From を基準に確認していましたが、DMARC はヘッダーの From も使って確認することが特徴です。つまり、SPF であればヘッダーの From とエンベロープ From、HELO の IP アドレスを検証します。

さらに DMARC では、SPF や DKIM の認証結果をどのように処理するかを指定できます。受信側のメールサーバーは、メールのヘッダーFrom のドメインの DNS サーバーで DMARC レコードを参照して、SPF や DKIM の認証が成功したかどうかを確認します。

認証が成功した場合は、メール送信元のドメイン名が正当であることが確認されます。また、認証が失敗した場合は、配信を拒否することができます。そして、処理結果のレポートを受信側のメールサーバーから送信ドメイン側へ送付してもらうことも可能となるため、スパムメールが送信されていることに気づける可能性があるのです[※6]。

※6 レポートを受けるメールボックスを用意しておく必要がある。

このように、**SPFやDKIMで検証できなかった場合における受信側のサーバーでの処理方法を指示するとともに、送信元のメールサーバーに結果を報告できることが特徴です**【図5-14】。

図5-14　DMARCの動作

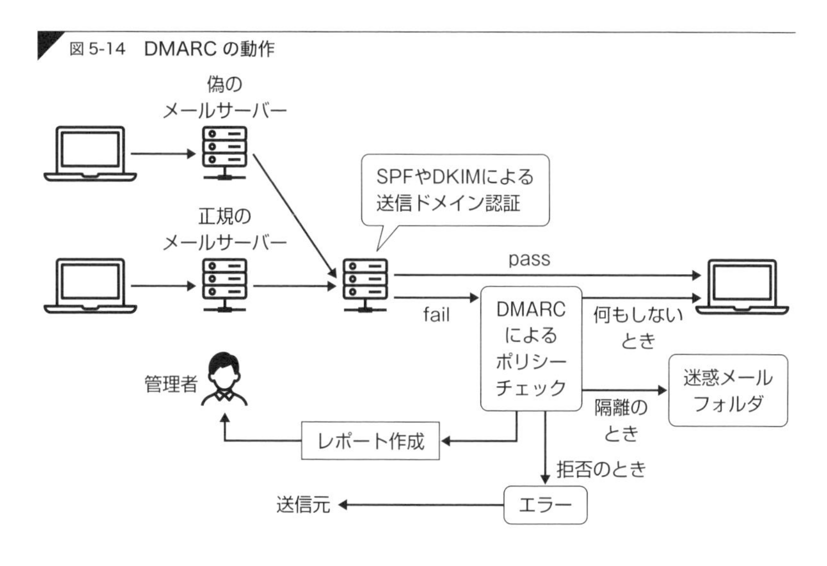

DMARCも、SPFやDKIMと同じようにDNSサーバーにレコードを追加します。これを**DMARCレコード**といい、次のようなレコードを登録します。

```
_dmarc.example.com. IN TXT "v=DMARC1; p=none"
```

このように、左端ではドメイン名の前にサブドメインの形で「_dmarc」をつけたテキストレコードとして作成します。そして、レコードの内容として、「v=DMARC1」でDMARCのバージョンを明示し、「p=」に続けて適用ポリシーを指定します。

ここで指定する適用ポリシーとして、次の**表5-1**のようなものがあります。

表 5-1　DMARC の適用ポリシー

適用ポリシー	内容
none	認証されなくても処理を変えない。メールは通常通り配信される。 （注）後述する BIMI では使用できない。
quarantine	隔離する。認証されなかった場合は迷惑メールフォルダに入れる。
reject	拒否する。認証されなかった場合は受信者には届けず、送信元にバウンスメールが送信される。

一般的には、「p=none」から始めて、問題なければ「p=quarantine」に変更し、一定の期間を経て最終的には「p=reject」に変更します。それと合わせて、レポートやバウンスメールの送信先もこの DNS レコードに指定します。

```
_dmarc.example.com. IN TXT "v=DMARC1; p=none; rua=mailto:admin@
example.com; pct=100"
```

この「rua=」という部分が DMARC レポートを報告するメールの送信先です。このメールアドレスに対して DMARC レポートが受信側のメールサーバーから送信されます。つまり、そのドメインから送信されるメールが多いと、その日に送信した宛先のメールサーバーの数だけ、DMARC レポートのメールが送信されます。

このため、「pct=」の部分でポリシーを適用する割合を 0 から 100 の範囲の整数で指定します。最初から 100 を指定するとすべてのメールが対象になるため、問題がないかを確認しながら少しずつ割合を増やします。

適用ポリシーとして「quarantine」や「reject」を指定した場合は、さらに「adkim=r; aspf=r;」のようなパラメータを追加できます。この「adkim」は DKIM でのアラインメントモードと呼ばれ、「relaxed mode」を意味する「r」か、「strict mode」を意味する「s」を使います。同様に、「aspf」は SPF でのアラインメントモードで、これも同じく「r」や「s」を使います。

この「relaxed mode」や「strict mode」は、ドメインのどの部分で一致を確認するかを指定するものです。たとえば、「relaxed mode」では、DNSサーバーに登録されているDKIM署名を「example.com」で検証し、送信元のアドレスが「sample@news.example.com」のようにサブドメインでも問題ありません。しかし、「strict mode」では、サブドメインも含めて完全に一致しないと判定は失敗します。

なお、メールアドレスが「sample@foo.bar.example.com」のような階層的なサブドメインを持っている場合、受信側のメールサーバーは次のようなDMARCレコードを探します。

```
_dmarc.foo.bar.example.com. IN TXT "v=DMARC1; p=none; ..."
```

ここで、もしこのようなDMARCレコードが登録されていない場合は、上位のサブドメインのDMARCレコードではなく組織ドメインのDMARCレコードを探します。つまり、次のようなDMARCレコードが登録されていると、そのレコードを使用します。

```
_dmarc.example.com. IN TXT "v=DMARC1; p=none; ..."
```

その他にもさまざまなパラメータや設定項目がありますので、**DMARCについてのRFCなどをよく読んで設定することが求められます**。

memo

DMARCについて学んだり、DMARCの動作を確認したりするときに便利な「Learn and Test DMARC」というWebサイトがあります。知識を確認するテストなどもありますので、ぜひチャレンジしてみてください。

- https://www.learndmarc.com

■ DMARC レポートの例

なお、DMARC レポートのメールには、次のようなファイルが添付されます。

```
<?xml version="1.0" encoding="UTF-8" ?>
<feedback>
  <report_metadata>
    <org_name>google.com</org_name>
    <email>noreply-dmarc-support@google.com</email>
    <extra_contact_info>https://support.google.com/a/
    answer/2466580</extra_contact_info>
    <report_id>922656961518501351</report_id>
    <date_range>
      <begin>1700092800</begin>
      <end>1700179199</end>
    </date_range>
  </report_metadata>
  <policy_published>
    <domain>masuipeo.com</domain>
    <adkim>r</adkim>
    <aspf>r</aspf>
    <p>quarantine</p>
    <sp>quarantine</sp>
    <pct>100</pct>
    <np>quarantine</np>
  </policy_published>
  <record>
    <row>
      <source_ip>162.43.116.155</source_ip>
      <count>1</count>
      <policy_evaluated>
        <disposition>none</disposition>
        <dkim>pass</dkim>
        <spf>pass</spf>
      </policy_evaluated>
    </row>
    <identifiers>
      <header_from>masuipeo.com</header_from>
    </identifiers>
    <auth_results>
      <dkim>
        <domain>masuipeo.com</domain>
        <result>pass</result>
        <selector>default</selector>
      </dkim>
      <spf>
        <domain>masuipeo.com</domain>
        <result>pass</result>
      </spf>
    </auth_results>
  </record>
</feedback>
```

■ ARCによる認証情報の保持

DMARCを使うことで、SPFやDKIMによる送信ドメイン認証に失敗したメールの処理を受信者に指定することができました。しかし、**メーリングリストを使ったり、メールの自動転送などを使用したりした場合には、正当なメールであっても認証に失敗する可能性があります**。

たとえば、メーリングリストに誰かがメールを投稿する場面を考えます。メーリングリストでは、投稿用のメールアドレスが用意されており、そこに投稿されたメールが登録者全員に転送されます。このとき、転送されたメールでは、送信者のメールアドレス（From）と、エラーメールの返信先（エンベロープFrom）が異なります。また、転送するときに、メールのタイトルにメーリングリストの連番などが付与されるとタイトルも書き換えられます**【図5-15】**。

図5-15 メーリングリストにおける書き換え

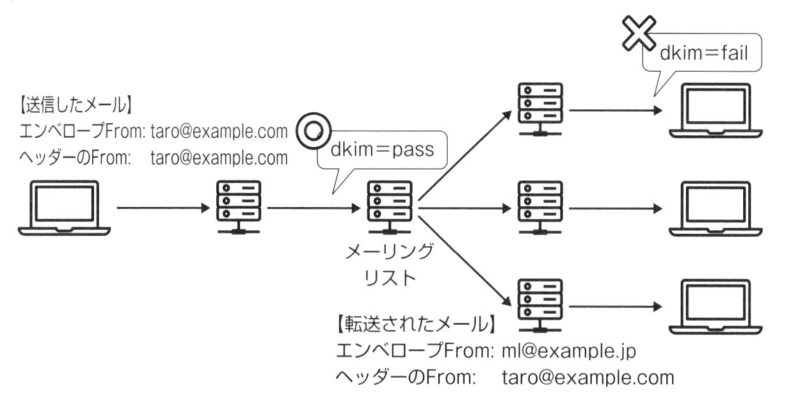

これはメールの自動転送でも同様です。つまり、途中で他のメールサーバーを経由してエンベロープFromが書き換えられたり、タイトルが書き換えられたりすると、SPFやDKIMの認証に失敗してしまいます。

この問題を解決するためには、メールを受信したメールサーバーが転送するときに再署名する方法が考えられます。届いたメールが SPF や DKIM で認証できていれば、それを次のメールサーバーに届けるのです。

このように認証結果を維持するための規格として **ARC**（Authenticated Received Chain）があります。**ARC は RFC 8617 で文書化された規格で、メーリングリストなどのサーバーが受信したときに、SPF や DKIM の認証を満たしていれば、連番をつけて再署名します。**

この再署名を実現するために、ARC では新しいヘッダーを 3 つ定義しています。

1. ARC-Authentication-Results（AAR）
2. ARC-Message-Signature（AMS）
3. ARC-Seal（AS）

この AAR はメーリングリストのメールサーバーがメールを受信したときに DKIM で認証できていれば、その結果を保存するためのヘッダーで、**表 5-2** のような値がセットされます。

表 5-2　AAR にセットされる値

AAR における「arc=」に指定する値	概要
none	認証連鎖情報が存在しない
invalid	解釈できない
pass	検証成功
fail	検証失敗

AMS には DKIM と同様の署名情報がセットされ、AS には電子署名がセットされます。そして、これらはメールがメールサーバーを経由するたびに追加されます。

つまり、メールヘッダーに次のような内容が記録されます。

```
ARC-Authentication-Results: i=2; ... ; spf=pass; ... ;
arc=pass ...
ARC-Seal: i=2; ...
ARC-Message-Signature: i=2; ...
```

これにより、メールがどのメールサーバーを経由したか、そしてどのような認証結果が得られたかを順にたどることで検証できます。

■ BIMIの設定

メールの送信者を認証するだけでなく、メールの送信元のドメインに対して、**そのドメインのブランドロゴを登録することで、メールソフトでメールの差出人を表示する欄にロゴを表示する方法もあります**。これは**BIMI**（Brand Indicators for Message Identification）と呼ばれ、受信者は正規の送信元から送信されたメールであることを直感的に把握できます**【図5-16】**。

図5-16 BIMIで表示されるブランドロゴ（アイコン）の例

Y! Yahoo!しごとカタログ <jobs-info-master@mail.yahoo.co.jp>
To 自分

BIMIを導入するには、DMARCを設定して、DMARCの適用ポリシーを「quarantine」もしくは「reject」に設定していることに加え、**VMC**（Verified Mark Certificate）と呼ばれるデジタル証明書を使います。この証明書はロゴの所有権を証明するもので、商標として登録されているロゴを認証局に申請して取得できます。

つまり、BIMIを利用するには、商標登録されたブランドロゴを使用します。商標登録するには特許庁に出願手続きをして審査が必要であり、その審査には半年以上かかることもあります。費用もかかるため、中小企業で導入するのは困難ですし、BIMIをサポートしているメールソフトが限られていることから、普及しているとは言い難い状況です。

それでも、BIMI に登録しておくと、正規のメールサーバーから届いたメールにはロゴが表示され、スパムメールのような、配信元を偽装したメールが届いたときにはロゴが表示されないため、受信者は信頼できないメールだと判断できます。

このため、クレジットカード事業者や携帯電話事業者など、フィッシング詐欺のターゲットになりやすい業界では、導入する企業が少しずつ増えています。

BIMI を利用するには、事前に Web サーバーに SVG 形式※7 の画像ファイルとしてブランドロゴを配置して公開します。そして、このブランドロゴの URL を取得しておきます。

そのうえで、メール送信元のドメイン名に対応する DNS サーバーでテキストレコードを設定します。このテキストレコードを **BIMI レコード**といい、ブランドロゴの URL などを登録します。

たとえば、次のような BIMI レコードを設定します。

```
"v=BIMI1; l=(画像ファイルのURL); a=(VMCのPEMファイルのURL)"
```

たとえば、前ページの**図 5-16** では Yahoo! JAPAN からのメールにロゴが表示されていましたが、これは BIMI に対応しているためです。dig コマンドで DNS サーバーの情報を確認すると、次のように記載されています。

```
$ dig default._bimi.mail.yahoo.co.jp txt
～略～
default._bimi.mail.yahoo.co.jp.  900 IN  TXT  "v=BIMI1;
l=https://bimi.west.edge.storage-yahoo.jp/yahoo_japan_
corporation_424911962.svg; a=https://bimi.west.edge.storage-
yahoo.jp/yahoo_japan_corporation_424911962.pem"
～略～
```

メール受信側のサーバーは、この DNS サーバーにアクセスして BIMI レコードからブランドロゴの URL を取得します。そして、その URL にアクセスして取得したロゴを、メールの差出人の欄にアイコンとして表示します。

※7 Scalable Vector Graphicsの略。画像の保存形式の1つで、PNGなどと異なり、拡大や縮小しても画質が劣化しないという特徴がある。

5-3 メールソフトによるスパムメールの振り分け

使えるのはこんな人や場面！

- ベイジアンフィルタによるスパムメールの判別のしくみを知りたい方
- ブラックリストを使って特定のメールサーバーをブロックしたいとき
- グレーリストやホワイトリストを使うことで柔軟に対応したいとき

■ 統計的にスパムメールを判定する

送信者を認証する技術は進化を続けていますが、スパムメールを送信する業者はなくなりません。このため、**多くのメールソフトでは受信したメールの中身を見て、自動的にスパムメールかどうかを振り分ける機能を備えています**。スパムメールの内容はそれぞれのメールで異なるため、受信者にとってどのメールが迷惑であるかを正確に判定することは容易ではありません。

そんな中で、スパムメールを自動的に検出するために、現在使われている代表的な方法は統計的な処理によるものです。よく使われている例として、**ベイジアンフィルタ**を使った方法について解説します。

ベイジアンフィルタは、統計学で使われるベイズの定理をもとにした方法で、メールに含まれる単語などの特徴を使ってスパムメールを判別します。

過去に受信したメールを使って、「スパム」と「非スパム」のどちらに分類されるかを学習し、新しいメールが受信されたときに、そのどちらに分類されるべきかを統計的に判断することが特徴です。たとえば、単語を使う場合は、そのメールに含まれる単語の登場頻度などを調べ、それがスパムメールである確率を計算します。そして、スパムメールである確率が通常のメールである確率よりも大きいとき、そのメールを迷惑メールフォルダに格納します。

ベイジアンフィルタは、次の手順で処理されます。

1. 学習用のメールを用意する
2. 学習用のメールに含まれる単語の出現頻度を計算する
3. 各単語のスパムメールと通常のメールの出現率を求める
4. 新たに受信したメールに含まれる単語の出現率を計算する
5. 計算結果をもとに、そのメールがスパムメールか否かを判定する

たとえば、すでに届いていたメールを調べると、全部で500通のうち100通がスパムメールでした。ここで、これまでのメールに登場する単語を調べ、それぞれの単語がスパムメールに含まれる割合と通常のメールに含まれる割合を集計すると、**表5-3**の結果が得られました。

表5-3　スパムメールに含まれる単語の割合例

登場する単語	スパムメールに含まれる	通常のメールに含まれる
緊急	30/100	10/400
自動退会	40/100	5/400
重要	20/100	60/400
無料	15/100	50/400

そして、新たに届いたメールの文面が次の**図5-17**のような内容だったとします。

図5-17　スパムメールに含まれる単語の割合例

○○様

いつもご利用いただき、ありがとうございます。

この度、ご本人様の利用かどうかを確認したいお取引がありましたので、緊急でカードのご利用を停止させていただきました。
ご返信いただけない場合は、会員資格を停止し、自動退会とさせていただきます。

取引の内容を確認したい場合は、以下のURLにアクセスしてください。
https://～

このメールには「緊急」と「自動退会」の文字が含まれています。そこで、次のように「スパムメールである確率」と「通常のメールである確率」を計算します。

$$\text{スパムメールである確率} = \frac{100}{500} \times \frac{30}{100} \times \frac{40}{100} = 0.024$$

$$\text{通常のメールである確率} = \frac{400}{500} \times \frac{10}{400} \times \frac{5}{400} = 0.00025$$

つまり、「スパムメールである確率」のほうが高いので、このメールはスパムメールであると判定され、迷惑メールフォルダに格納できます。

このような計算式が導かれる理由はベイズ統計学についての専門書を読んでいただくことにして、**重要なのは「単語の登場頻度などを調べることで統計的に分類できる」ことです**。

そして、このような単純な方法であっても、それなりの量のメールを学習して処理することで、その精度はどんどん高まっていきます。実用上は問題ない精度で使えるようになっているといえるでしょう。

ただし、ベイジアンフィルタを利用するときには、次のような課題もあります。

1. 学習用のメールの質によって、判定精度が大きく左右される
2. 単語の出現頻度が少ないと、判定精度が低下することがある
3. 送信者が単語を変えたり、単語を分割したりすることで、ベイジアンフィルタを回避できる

このため、迷惑メールフォルダに振り分けられたメールを時々確認する、通常のメールとして扱われたメールでも怪しいメールである可能性があることを想定して開く、という対応が求められます。

■ ブラックリストとIPレピュテーション

送信者のメールアドレスや本文の内容をチェックするのではなく、特定のメールサーバーから送信されるメールを拒否したい場合もあります。あるメールサーバーが乗っ取られて、そこから大量のメールが送信されている、といった場合です。このようなメールサーバーからのメールは一律で拒否したいものです。

そこで、**大量にスパムメールを送信しているようなメールサーバーのIPアドレスをリストとして登録しておき、そのリストに含まれるメールサーバーからのメールを拒否する**方法が考えられます。このようなIPアドレスのリストを**ブラックリスト**といいます**【図5-18】**。

図5-18　ブラックリストのしくみ

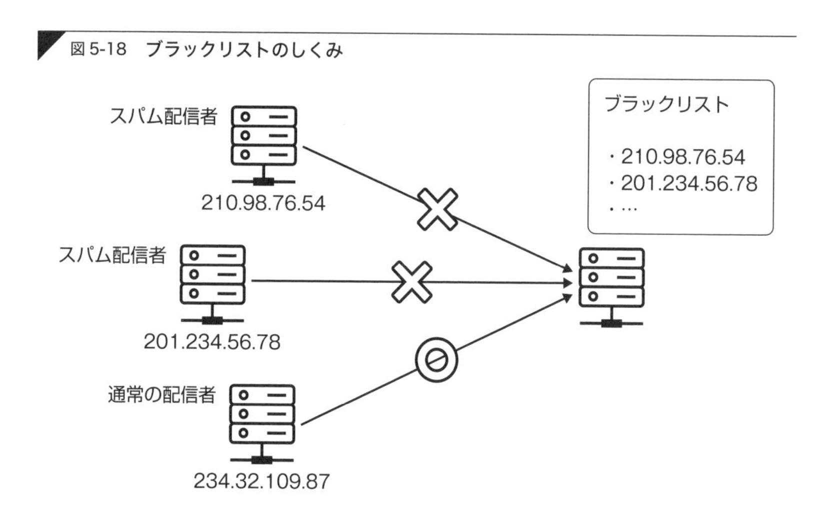

送信したメールの量が大量でなくても、利用者からの迷惑メール報告数が多い場合は、それがブラックリストに登録される可能性もあります。Gmailのようなサービスでは、多くの利用者がおり、迷惑メールとして報告する機能があるため、その量が増えると迷惑メールとして扱われる可能性が増えます。

一見便利なようですが、ブラックリストに登録されたメールサーバーを経由する通常のメールも拒否されることがあります。

たとえば、レンタルサーバーを契約して、メールのやり取りに使う場面を考えます。レンタルサーバーは複数の契約者が1つのサーバーを共有して使うため、一部の利用者が大量のメールを送信してしまうと、そのメールサーバーのIPアドレスがブラックリストに登録されることがあります。この場合、同じサーバーを使用している他の利用者にも影響が出てしまうのです。

このように、メールのブラックリストは「メールサーバー単位」です。つまり、「誰がメールを送信したか」ではなく「どこのサーバーからメールが送信されたか」で判断されます。

このとき、そのメールサーバーをIPアドレス単位で評価する（点数をつける）手法を**IPレピュテーション**といいます。メールサーバーはWebサーバーと同様に、一度構築するとIPアドレスを変更することは少ないため、長く使っているとそのIPアドレスについての評価が定まってきます。

一方で、新しくメールサーバーを構築した場合は、その評価が定まっておらず、突然大量のメールを送信するとスパムメール配信業者だと判定される可能性があります。このため、適切なメールを送信することを少ない件数から始めて徐々に増やしていきます。これを**IPウォームアップ**といいます**【図5-19】**。

図5-19 IPレピュテーションとIPウォームアップ

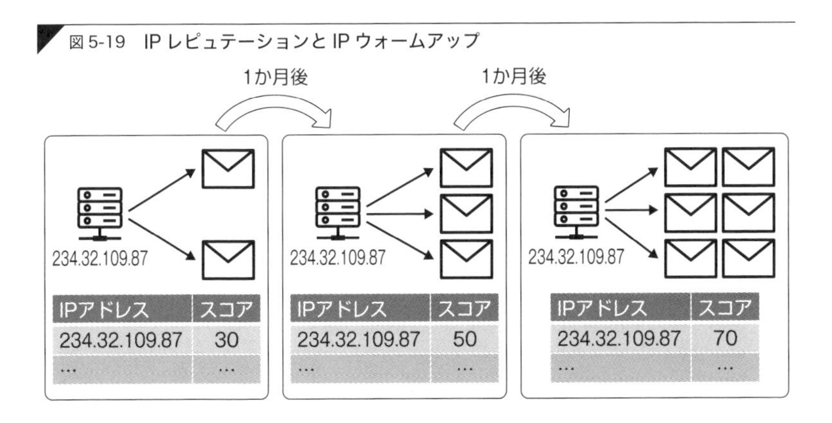

ただし、同じドメインでも異なるサーバーを使用することでIPアドレスを容易に変更できます。つまり、スパムメールを送信する事業者にとっては、IPレピュテーションが下がればサーバーを変更してIPアドレスを変えればよいのです。

それだけでなく、一般の利用においても、IPv4からIPv6への移行によってIPアドレスが変わってしまい、これまでのIPアドレスの評価が失われるといった状況があります。

そこで、IPアドレスではなく送信元のドメイン単位で評価する手法が使われることが増え、**ドメインレピュテーション**と呼ばれています。これも新しいドメインの場合は評価が定まっていないため、IPウォームアップのように少しずつ評価を上げることが重要です。

ここで注意したいのは、過去に使われていたドメインを購入した場合です。新たにWebサイトを作成するとき、新しいドメインでは他のWebサイトからのリンクがないため、検索エンジンで上位に表示されるまでに時間がかかります。そこで、過去に使われていたドメインを購入することで、既存のWebページからのリンクにより検索エンジンの上位に表示させるというSEO（検索エンジン最適化）の手法があります。

しかし、このような古いドメインの利用者が迷惑メールなどを配信していた場合には、このドメインレピュテーションの評価が低い可能性もありますので、**ドメインを取得するときにはそのドメインやIPアドレスがブラックリストに掲載されているかを調べるサービスがよく使われます**。

たとえば、ブラックリストに掲載されているかどうかを調べるサービスとして、次のようなものが存在します。

- 「blacklistalert.org」https://www.blacklistalert.org
- 「Spamhaus」https://www.spamhaus.org
- 「SpamCop.net」https://www.spamcop.net

■ グレーリストとホワイトリスト

ブラックリストに登録してあるメールサーバーからのメールは拒否できますが、新たにメールサーバーを設置して送信すれば、ブラックリストに登録されるまでの間は大量にメールを送信できてしまいます。

また、スパムメールの送信者が送信元のメールサーバーを頻繁に変更すると、ブラックリストに登録することが難しいという問題があります。

そこで、**グレーリスト**と呼ばれるリストを作成する方法があります。**メールを受信するときに、既知のメールサーバーからの場合は正常通り配信し、未確認のメールサーバーに対してのみ、配信を一時的に拒否する**方法です。

このとき、問題ない既知のメールサーバーとして登録されているメールサーバーのリストを**ホワイトリスト**といいます。ホワイトリストに登録した送信元からのメールは、必ず受信できます。

グレーリストを採用すると、メールサーバーは、特定の差出人から初めてメールを受信したときは、一時的にそのメールを拒否して、差出人のメールサーバーに「一時的なエラー（Temporary Failure)」という応答を返します。

このようなエラーが発生したとき、一般的なメールサーバーであればしばらく待ってから、メールを再送します。このため、通常のメール送信者であれば2回目の送信によって問題なく処理できます。

一方、スパムメール送信者の多くは、大量にメールを送信したいため、再送のような手間がかかることを避ける傾向にあります。このため、メールを一度送信したあとは再送しないことが多いものです。これにより、スパムメールを一時的にブロックできます。

この方法は、一般的なメールの送信がブロックされる割合が低いという特徴があります。ブラックリストに登録してしまうと、そのメールサーバーからのメールは完全に拒否されてしまいますが、グレーリストであれば、メールの配信に時間はかかるものの、問題なく届くことが多いものです。

ただし、スパムメール送信者が一時的なエラーに対して再送すると、スパムメールを防ぐことはできません。

5-4

スパムメールだと誤認されるのを避ける

使えるのはこんな人や場面！

- メールサーバーを管理している方
- スパムメールだと誤解されない文面にしたいとき
- 宛先のメールアドレスの有効性を確認する理由を知りたい方

■ サーバー管理者としての設定

ここまではメールの受信者の立場からスパムメールを検出するためのしくみを解説しましたが、サーバーの管理者にとっては自社から送信するメールが、相手先でスパムメールとして迷惑メールフォルダに振り分けられるのを避けることも考える必要があります。

スパムメールは受信者にとって迷惑なだけでなく、メールサーバーを運営・管理する立場でも大きな問題です。管理するメールサーバーを悪用し、第三者によって大量のメールを送信されると、それだけサーバーに負荷がかかります。

スパムメールを配信するメールサーバーとしてブラックリストに登録されてしまうと、通常のメールを送信することすら認められなくなります。

このため、**メールサーバーの管理者が、必ず設定すべきなのが送信ドメイン認証です。**これまでに解説したようなSPFやDKIM、DMARCを使うと、メールが正規のメールサーバーから送信されたことを証明できます。正しく設定しておけば、相手先のメールサーバーが自社からのメールをスパムメールだと判断するリスクを減らすことができます。

設定していると思っていても、その設定に誤りがあると意味がありませんので、外部のメールアドレスにメールを送信して、適切に設定されていることを確認します。

■ 利用者がメールを作成するときの注意点

一般の利用者としては、メールを作成するときのタイトルや本文に注意を払うことが重要です。**ベイジアンフィルタなどによってスパムメールだと判断されることを防ぐだけでなく、開封率を上げるためには、メールのタイトルや本文に含まれるキーワードを考慮します。**

たとえば、タイトルとして「無料」「最高」「緊急」などの単語を使うと、怪しいメールだと判断される可能性が高まります。

これは本文を作成するときも同じです。スパムメールについてのニュースなどを見たときに、そのトレンドを把握し、よく使われているキーワードを避けることを考えます。

また、HTML メールを使うと表現を工夫できますが、リンクを記載するときに見た目の URL と実際の URL を変えるなど、フィッシングメールに見えるような方法は避けたほうがよいでしょう。

このように、本文に書かれた内容をもとに判断する手法を**コンテンツフィルタリング**といい、**図 5-20** のような手法があります。

図 5-20　コンテンツフィルタリングの例

ベイジアンフィルタ	ヒューリスティックフィルタ	URLフィルタ
本文に登場する単語などを統計的に処理して判定する。	本文に登場する単語などに点数をつけ、しきい値を超えたかどうかで判定する。	本文に含まれるURLをブラックリストなどと照らし合わせて判定する。

memo

コンテンツフィルタリングという言葉は、アダルトサイトや犯罪に関するWeb サイトなどを子どもたちに見せないために使われることもあります。これらは Web サイトの閲覧におけるフィルタリングですが、ここではメールの内容によるスパムメールの判定について解説しています。

　文面だけでなく、メールを送信する量についても考慮します。たとえば、メールマガジンなどを配信するとき、Bcc に膨大な数のメールアドレスを指定するような使い方をしたり、短期間に大量のメールを送信したりする人がいます。

　できるだけ同時に配信したい、という気持ちはわかりますが、大量のメールを一度に送信するとメールサーバーの負荷も高まりますし、自社のメールサーバーの IP アドレスが宛先のメールサーバーでブラックリストに登録される可能性があります。

　このため、**同じメールを多くの宛先に配信する場合には、専用のメール配信システムを使ったり、メーリングリストなどを使ったりする方法がよく採用されます**。

　一度にメールを送信するのではなく、プログラムを作って定期的にメールを送信する方法も考えられますが、短時間に大量のメールを送信すると、そのメールサーバーがブラックリストに登録される可能性が高くなります。大量のメールを送信するときには、それなりに間隔を空けてメールを送信するなど、頻度を調整することが求められます。

memo

2000 年頃には、大量のメールを送りつける「メールボム」という攻撃手法が流行したことがありました。プロバイダなどが用意したメールボックスの容量が少ないことを狙った攻撃手法で、5MB 程度の添付ファイルをつけたメールを大量に送ると、利用者に割り当てられたメールボックスがあふれてしまうものです。
最近では、第 3 章で解説したようにメールボックスの容量が大きくなったことや、上記で解説したようなスパムメールを防ぐ技術が向上したことにより、あまり見かけなくなりました。それでも、複数のメールサーバーを使用して同時に攻撃するようなことは可能ですので、不用意にメールアドレスを公開することは避けたほうがよいでしょう。

■ メールの配信先の確認

企業の広報部などで広告のメールを送信する場合、多くの人にメールを届けたいと考えます。基本的には利用者から会員登録してもらったメールアドレスに送信することになりますが、その他にも担当者が名刺交換をした取引先に送信することもあるでしょう。

上記のようなメールアドレスへのメールの送信は、第７章で解説するメールマガジンの配信などでもよく使われています。しかし、より多くの人に届けたいという思いから、「宛先のメールアドレスを自動生成すれば大量に送信できる」という悪い考えを持つ人がいます。

たとえば、Gmail であればメールアドレスの「@」より前をランダムに生成すれば、多くの人に届けられるかもしれません **【図 5-21】**。

図 5-21　メールアドレスの自動生成

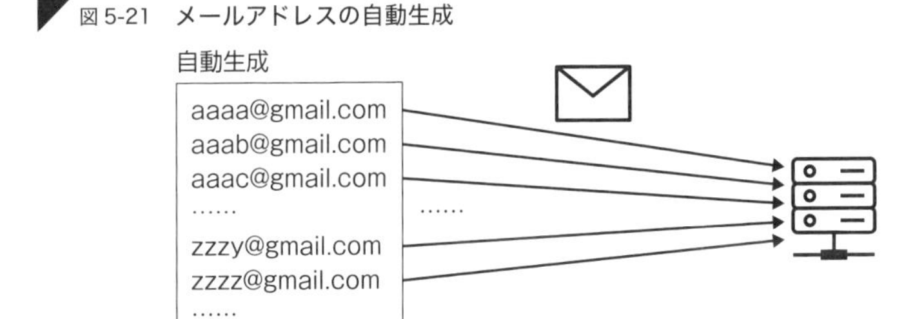

しかし、このような方法で特定のドメインに対して大量のメールを送信すると、その宛先として指定したメールアドレスの多くは実在しません。**存在しない宛先にメールを多数送信していると、スパムメールを送信しているメールサーバーだと判断される可能性があります。** このため、メールアドレスを自動生成して届くメールアドレスを探すようなことは行うべきではありません。

もちろん、手作業で入力したときのメールアドレスの入力ミスなどによって、存在しない宛先にメールを送信してしまうことをゼロにはできませんが、一度にまとめて送信することがないように注意します。

Exercises 練習問題

Q1 メールの差出人として偽装できないフィールドはどれか。

A）From 欄に表示される名前

B）From 欄のメールアドレス

C）エンベロープ From のメールアドレス（Return-Path）

D）いずれも偽装できる

Q2 「エンベロープ From のドメイン」と「送信元のメールサーバーの IP アドレス」の一致を確認する送信ドメイン認証の技術はどれか。

A）SPF　B）DKIM　C）DMARC　D）BIMI

Q3 送信ドメイン認証に使われる手法として正しいものはどれか。

A）SPF や DKIM では、Web サーバーに配置した画像ファイルで認証する

B）SPF や DKIM では、DNS サーバーのテキストレコードで認証する

C）DMARC は SPF や DKIM とは無関係に設定できる

D）BIMI ではメールに添付した画像を使ってロゴを表示する

Q4 ベイジアンフィルタについての記述のうち、正しいものはどれか。

A）日本語は単語に区切るのが難しいため、英語のみで使われている

B）画像ファイルも自動的に解析される

C）統計的な手法であり、100% の精度でスパムメールを検出することはできない

D）HTML メールだけに有効な技術である

正解）Q1：D、Q2：A、Q3：B、Q4：C

第6章

メールの暗号化と署名

なりすましに対してはOP25BやSMTP AUTHを、送信者の偽装については送信ドメイン認証などを解説しましたが、メールには盗み見や改ざんというリスクもあります。これを防ぐために使われる暗号化やデジタル署名について解説します。

6-1

通信の暗号化

使えるのはこんな人や場面！

- 配送経路やメールサーバー上での盗み見や改ざんを防ぎたいとき
- メールの配送経路を暗号化したいとき
- Web メールにおける暗号化について知りたい方

■ 盗み見や改ざんを防ぐ

メールは送信者と受信者が直接通信するのではなく、途中でメールサーバーを経由することを解説しました。ここで経由するメールサーバーは 1 つだけとは限りません。複数のメールサーバーが中継してやり取りする中で、悪意のある第三者によって途中で盗み見られたり、改ざんされたりする可能性はないのでしょうか？**【図 6-1】**

図 6-1　盗み見や改ざんのリスク

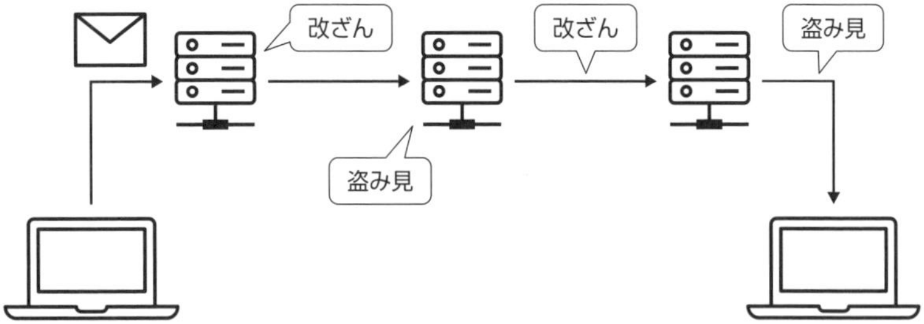

メールの送信や転送に使用する SMTP は名前の通り「シンプルにメールを転送するプロトコル」であり、電子メールを平文（暗号化されていない状態）

で送信します。このため、**何の対策も実施しなければ、通信経路上や経由するメールサーバーでメールの中身を盗み見たり改ざんされたりする可能性があります。**

また、メールの受信に使用するPOPも同じように電子メールを平文でやり取りします。POPサーバーやIMAPサーバーに届いたときには、それを取り出すためにIDやパスワードを入力しましたが、このパスワードを第三者に知られてしまうと、届いたメールを勝手に見られてしまいます。

これらを防ぐためには、通信経路やサーバーなどで第三者に見られないようにする**暗号化**が必要です。この節では、次の**図6-2**、**図6-3**で示す「経路上での暗号化」について解説し、次の節では**図6-4**で示す「メールそのものの暗号化」について解説します。

図6-2 POPやIMAPにおける認証時の暗号化

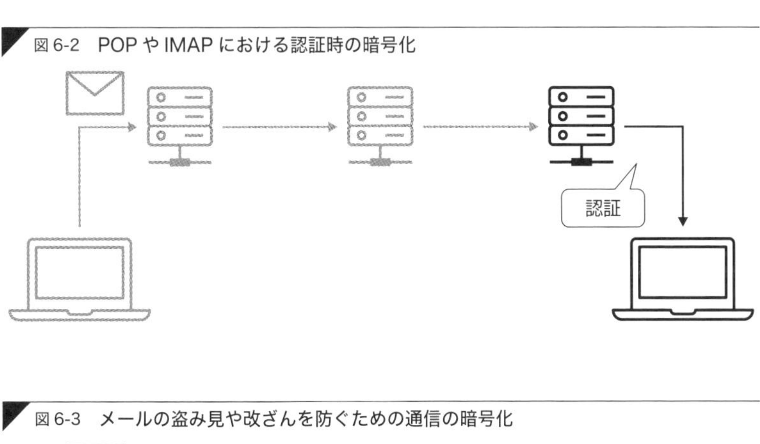

図6-3 メールの盗み見や改ざんを防ぐための通信の暗号化

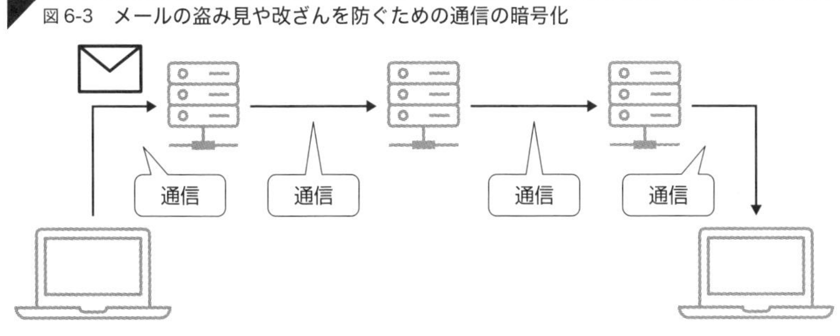

図 6-4　メールそのものの暗号化

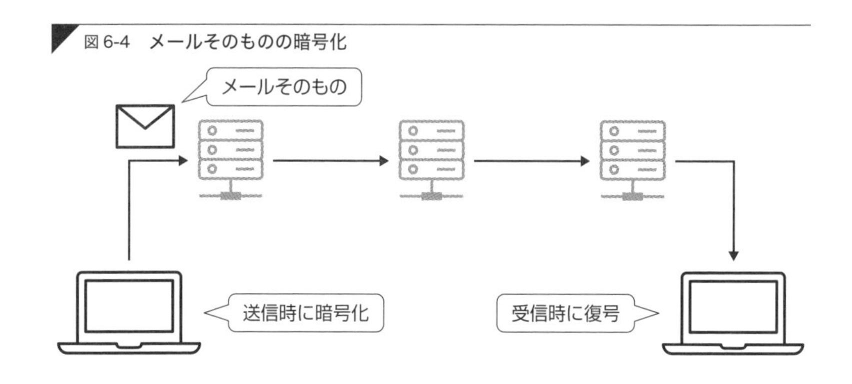

■ POP の認証時の盗み見を防ぐ

メールの受信には、POP や IMAP というプロトコルが使われていることを解説しました。POP は、メールサーバーからメールを受信し、利用者のパソコンやスマートフォンで閲覧します。

第 2 章では POP サーバーとの Telnet によるやり取りを解説しましたが、このときに ID とパスワードを入力しました。標準の POP では、この ID とパスワードが平文で送信されます。つまり、悪意のある第三者がその中身を盗み見ることができてしまいます。

このログイン時の問題を軽減するために、**APOP**（Authenticated Post Office Protocol）という手順が追加されました。APOP は、POP の通信におけるパスワードのやり取りにおいて、パスワードをハッシュ化した値（ハッシュ値）を送信することで、**メールサーバーとメールソフトの間の通信においてパスワードを平文で送信しないようにします**。

ハッシュ化とは、データを不規則な文字列に変換する手法のことで、2-6 節で解説した SMTP AUTH でも使われていました。何らかのデータが与えられたとき、そのデータに特定の計算を実施し、不規則な文字列を生成します。このとき、同じデータからは常に同じ値が生成されますが、逆に戻すことは難しいような計算を使います**【図 6-5】**。

図6-5 ハッシュ化

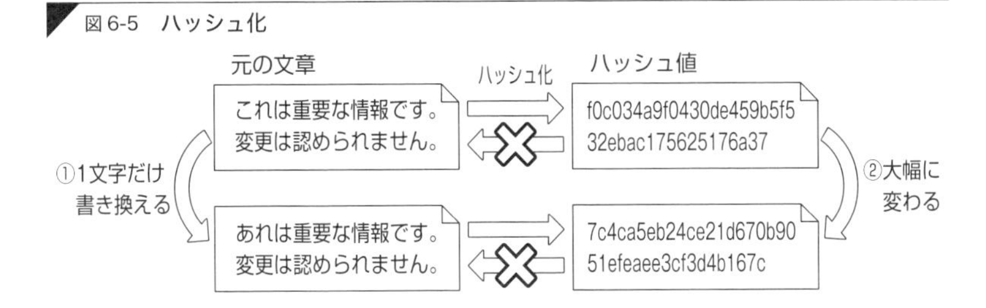

APOPではメールサーバー側とメールソフト側にパスワードを保持しておき、双方でパスワードをハッシュ化します。そしてパスワードのハッシュ値だけを送信することにより、パスワードを送信する必要はなくなり、パスワードを不正に取得されるリスクを減らせます。

このとき、毎回同じハッシュ値を送信していると、それを盗まれてしまいます。そこで、次の手順でログインします。

1. メールソフトがメールサーバーに接続すると、サーバー側で「チャレンジ」と呼ばれるランダムな文字列を生成して返信する
2. メールソフトは、この文字列とパスワードを組み合わせて、「ハッシュ化した文字列」を生成する
3. メールソフトは、この文字列をサーバーに送り返す
4. サーバー側も生成した文字列と、保存しているパスワードを組み合わせてハッシュ化した文字列を生成し、サーバーで生成した文字列とメールソフトから受信した文字列が一致するかどうかを確認する
5. これらの値が一致すると、メールソフトの認証が成功する

具体的に、どのような値が送信されるのかを見てみます。APOPに対応したサーバーに、第2章で解説したTelnetコマンドで接続すると、次のような応答が返ってきます。

```
$ telnet 192.168.1.2 110
*   Trying x.x.x.x...
* Connected to x.x.x.x (x.x.x.x) port 110 (#0)
+OK Dovecot ready. <cb25.1.～==@xxx.xxx>
```

この応答を見ると、チャレンジの内容（<cb25.1.～==@xxx.xxx>）が書かれており、この値は接続するたびに変わります。そして、手元の環境でこのチャレンジの内容とパスワードを連結したものを、**MD5** というハッシュ関数でハッシュ化します。

MD5 は長く使われてきたハッシュ関数で、どんな入力に対しても 128 ビットのハッシュ値を高速に生成できます（16 進数として 32 文字の文字列を生成することが多い）。MD5 でハッシュ化するには、別のターミナルなどを開いて次のようなコマンドを実行する方法が容易です。

```
$ echo "<cb25.1.～@xxx.xxx>p@ssw0rd" | md5
aeb759d652d13f2bac50dfc1ef92b06d
```

このコマンドで出力された値をコピーしておき、上記で接続したメールサーバーとのやり取りの中で、「APOP」というコマンドに続けて、ID とこの値を入力します。

```
APOP taro aeb759d652d13f2bac50dfc1ef92b06d
+OK
```

これにより、パスワードが平文で送信されることはなくなります。また、接続するたびにチャレンジの値が変わるため、生成されるハッシュ値も毎回変わります。あとは第 2 章で解説したものと同じように、メールの受信操作をします。

メールサーバーを APOP に対応させるには「auth_mechanisms」という項目の値を「plain」から「apop」に変更（または「apop」を追加）しま

す。また、パスワードを平文で保存するため、システムの認証情報を使用するのではなく、IDとパスワードの組み合わせをファイルに保存します。このため、「!include auth-system.conf.ext」の行をコメントアウトし、「!include auth-passwdfile.conf.ext」の行を有効にします。

/etc/dovecot/conf.d/10-auth.conf

```
...
auth_mechanisms = plain apop
...
#!include auth-system.conf.ext
...
!include auth-passwdfile.conf.ext
...
```

この「auth-passwdfile.conf.ext」というファイルには、次のように書かれています。

/etc/dovecot/conf.d/auth-passwdfile.conf.ext

```
～略～

passdb {
  driver = passwd-file
  args = scheme=CRYPT username_format=%u /etc/dovecot/users
}

userdb {
  driver = passwd-file
  args = username_format=%u /etc/dovecot/users

～略～
}
```

ここに書かれている「/etc/dovecot/users」というファイルにログイン

ユーザーの情報を設定します。これはユーザー名とパスワードなどを記述するファイルで、次のようにユーザー名と合わせて記載します。

/etc/dovecot/users

```
taro:{PLAIN}p@ssw0rd
```

APOPではパスワードがインターネット上を流れることはなくなりますが、ハッシュ化した文字列を生成する部分でMD5という関数を使いました。**このMD5という関数のアルゴリズムは現在推奨されていません。**異なる文字列から同じハッシュ値を容易に生成できることが知られており、安全性が保証されていません。

また、APOPではメールそのものを暗号化する機能がなく、あくまでもパスワードがそのままネットワーク上を流れることを防ぐだけです。このため、後述する手法のほうが安全であり、APOP自体が使用を推奨されていません。

これはIMAPについても同様で、IMAPでCRAM-MD5を使う方法がありますが、同様にMD5でハッシュ値を求めるため、後述するような暗号技術を用いるプロトコルを使うことが推奨されています。

■ メールの経路を保護する

APOPを使うことで、パスワードを平文で送信することは避けられるようになりましたが、メールそのものは暗号化されずに送受信されています。つまり、メールの送受信時に通信経路上でメールの本文や添付ファイルを盗み見られる可能性があります。

これはPOPによる受信に限らず、SMTPによる送信、IMAPによる受信のやり取りでも同じです。また、メールサーバー間の転送でも同じです。

そこで、このような**経路上でのやり取りを暗号化する**方法として、既存のプロトコルに対する**STARTTLS**という拡張が考えられました。たとえば、SMTPの通信でメールサーバーに接続したあとで「STARTTLS」というコマンドを入力することで、平文の接続から暗号化された接続にアップグレードします。POPの場合は「STLS」というコマンドを入力することで、同様に暗号化通信を開始します。

このコマンドのやり取りをしたあとは、メールソフトとメールサーバー、もしくはメールサーバーとメールサーバーの間でやり取りされるすべてのデータが暗号化され、第三者による通信の傍受や改ざんのリスクを減らせます。

たとえば、SMTPでメールを送信する場面を考えると、次のような手順で暗号化通信を開始します。

1. メールソフトがメールサーバーに接続する（この段階では通常のSMTPやPOP、IMAPの接続と同じで、平文の状態）
2. メールソフトがメールサーバーに「STARTTLS」コマンドを送信する
3. メールサーバーは、暗号化接続の準備ができていることを返す
4. メールソフトとメールサーバーの間で、暗号化通信を開始する

具体的な手順をコマンドで解説します。最初は次のように、これまでと同じように通信を開始します。ただし、拡張コマンドを使うので、「HELO」ではなく「EHLO」で開始します。

```
$ telnet 192.168.1.2 25
220 mail.example.com ESMTP Postfix
EHLO masuipeo.com
250-mail.example.com
250-PIPELINING
250-SIZE 10240000
250-VRFY
250-ETRN
250-STARTTLS
250-ENHANCEDSTATUSCODES
250-8BITMIME
250-DSN
250-SMTPUTF8
250 CHUNKING
```

p.237の応答を見ると、「250-STARTTLS」という表示が見えます。これはメールサーバーがSTARTTLSに対応していることを意味します。

そこで、p.237の応答に対して、「STARTTLS」というコマンドを入力します。

```
(p.237の続き)
STARTTLS
220 2.0.0 Ready to start TLS
```

このように、TLSによる通信を開始すると、それ以降はメールソフトとメールサーバーの間で暗号化した状態でやり取りできます※1。

POPの場合は、次のようにメールサーバーと接続したあとで「CAPA」というコマンドを実行します。

```
$ telnet pop.example.com 110
*   Trying ::1:110...
* Connected to localhost (::1) port 110
+OK Dovecot ready.
CAPA
+OK
STLS
TOP
UIDL
RESP-CODES
PIPELINING
AUTH-RESP-CODE
USER
SASL
.
STLS
+OK Begin TLS negotiation
```

冒頭の「CAPA」というコマンドで、サーバーが実装している機能を取得します。ここに「STLS」が含まれていれば、「STLS」というコマンドを入力することで、暗号化の開始を告げます。そして、サーバー側が「+OK」を返すことで、それ以降のやり取りが暗号化されて通信されます。

※1 実際には、Telnetでは暗号化通信ができないので、試す場合は後述するOpenSSLなどを使おう。

既存のプロトコルの拡張なので、メールサーバーがSTARTTLSに対応していない場合は、通常の平文による通信ではあるものの、SMTPやPOP、IMAPなどの通信が可能であることが特徴です。

当然、ポート番号も同じなので、既存のメールサーバーは変更せずに、STARTTLSに対応しているメールサーバーだけ変更すれば今まで通り接続できます。メールサーバー間の通信では、ポート番号を変更することは困難なため、この暗号化方法は便利です。

ただし、弱点でもあります。**サーバーからの応答に「STARTTLS」や「STLS」が含まれていないと、自動的に平文で通信される**ため、**ダウングレード攻撃**という攻撃が成立する可能性があります。

これは、攻撃者がメールサーバーとの最初の通信をMITM攻撃（Man-In-The-Middle；中間者攻撃）※2などによって傍受し、その応答を書き換えて「STARTTLS」や「STLS」という記述を除去する方法です。送信側は、受信側のサーバーがSTARTTLSに対応していないと判断し、暗号化せずに通信を開始してしまいます。STARTTLSやSTLSというコマンドが入力されるまでの通信は暗号化されていないため、改ざんできる可能性があるのです**【図6-6】**。

図6-6　ダウングレード攻撃による書き換え

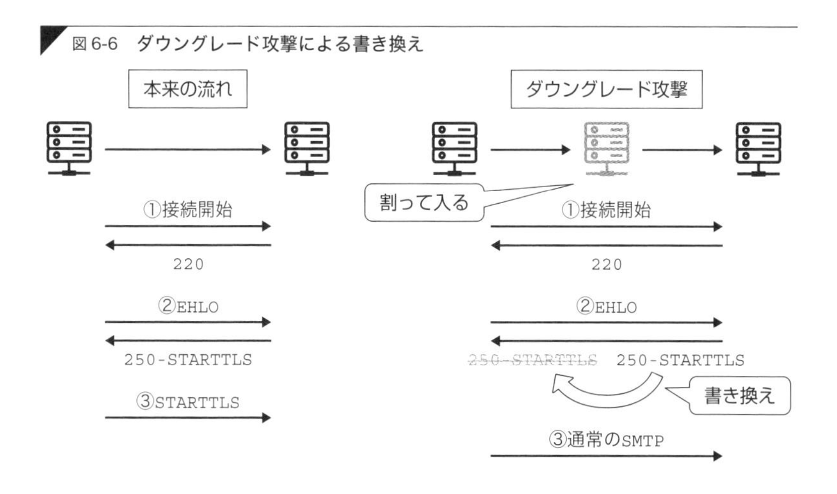

※2 図6-6右のように、二者の通信に第三者が割って入って通信の内容を傍受したり改ざんしたりする攻撃。

こういった問題を避けるには、暗号化された接続を強制する設定にするなどの対策が必要です。そこで登場したのが、**MTA-STS**（Message Transfer Agent Strict Transport Security）です。これは、**受信側のメールサーバーが、送信側のメールサーバーに対して、STARTTLSでTLS 1.2以上を使うことを求める**もので、RFC 8461で文書化されています。

MTA-STSでは、受信側のメールサーバーが提示するデジタル証明書を送信側のメールサーバーが検証し、安全に通信できることを確認します。この証明書（認証局による署名）が有効でなければメールを配送しません。

このためには、受信側のメールサーバーがMTA-STSに対応していることをポリシーとして宣言する必要があります。企業であれば、その企業のWebサイト内にポリシーを宣言したファイルを設置します。

具体的には、「https://mta-sts.example.com/.well-known/mta-sts.txt」というように、「mta-sts」というサブドメインを用意し、Webサイト内にプレーンテキスト（ただのテキストファイル）で次のファイルを設置します。

mta-sts.txt

```
version: STSv1
mode: enforce
mx: mx1.example.com
max_age: 1296000
```

この「mode:」の行は、ポリシーの検証に失敗したときの対応が書かれています。「enforce」であればメールを送信してはならない、「testing」であればメールを送信する、「none」であればMTA-STSの対応を取りやめる、といった意味です。

受信側がこのようなポリシーを用意していると、暗号化に対応していなければメールを転送しないため、データが盗まれることはありません。

そして、このようなポリシーを用意しているかどうかを判断するために、DNSサーバーに次のようなテキストレコードを追加します。

```
_mta-sts.example.com. IN TXT "v=STSv1; id=202301010101"
```

この「id」は、送信前にポリシーの再取得が必要かどうかを判断するためのものです。送信側が受信側のポリシーを一度取得しているときに、毎回ポリシーを確認するのは無駄なため、このidが変わった場合のみ、ポリシーを再取得します。

そして、MTA-STSを使っていることがわかると、メールサーバーに接続する前に、Webサーバーに設置されている「mta-sts.txt」を取得します。ここで、ポリシーを確認し、それに従ってメールサーバーと接続し、「EHLO」コマンドに続けて「STARTTLS」で暗号化通信を開始します。

MITM攻撃によって応答が改ざんされて、TLSに非対応だと判断すれば、Webサーバーに設置されたファイルと不一致となるためメールを送信しません。これにより、メールサーバーに接続するときに暗号化通信を強制できます。

■ POPとIMAPの経路を暗号化する

ダウングレード攻撃などに備える必要はありますが、サーバー間の通信は、ポート番号を変更できないため、STARTTLSは有効です。しかし、メールソフトとメールサーバーの間の通信であれば利用者のメールソフトの設定を変えることで新たなプロトコルを使用できます。

第1章で解説したOP25Bではサブミッションポートを使いましたが、同じように暗号化通信のためのプロトコルを使えばよいのです。

私たちがWebサイトを閲覧するとき、HTTPは80番ポートを使用しますが、それを暗号化したHTTPSでは443番ポートを使うのと同じです。このHTTPSにおける暗号化にはSSL/TLS（Secure Sockets Layer / Transport Layer Security）という方法を使いました。

同じような方法としてメール受信時には**POP over SSL/TLS（POP3 over SSL/TSL, POP3S）**や**IMAP over SSL/TLS（IMAP4 over SSL/TLS, IMAP4S）**などがあります。これらはメールを受信するときに使うPOP3やIMAPを、SSL/TLSで暗号化したプロトコルです。

つまり、STARTTLSのように既存のプロトコルを拡張するのではなく、最初から暗号化した状態で通信するプロトコルが考えられました。POP over SSL/TLSでは995番ポートを、IMAP over SSL/TLSでは993番ポートを使います。このため、サーバー側ではこのポート番号を受け付けるようにファイアウォールを設定しなければなりません。

これらを使うためには、メールソフトとメールサーバーが両方ともSSL/TLSに対応している必要があります。多くのメールソフトやメールサーバーは対応しているため、メールサーバーの設定で有効にするだけです。

SSL/TLSで使われるデジタル証明書については、Let's Encrypt※3などで取得したとして、POPサーバーの設定について考えます。POPサーバーでSSL/TLSを設定するには、Dovecotの設定ファイルである「10-ssl.conf」でSSLを有効にし、証明書のファイルを指定します。

/etc/dovecot/conf.d/10-ssl.conf

```
##
## SSL settings
##

# SSL/TLS support: yes, no, required. <doc/wiki/SSL.txt>
# disable plain pop3 and imap, allowed are only pop3+TLS, pop3s,
imap+TLS and imaps
# plain imap and pop3 are still allowed for local connections
ssl = required

# PEM encoded X.509 SSL/TLS certificate and private key. They're
opened before
# dropping root privileges, so keep the key file unreadable by
anyone but
# root. Included doc/mkcert.sh can be used to easily generate
self-signed
# certificate, just make sure to update the domains in dovecot-
openssl.cnf
ssl_cert = </etc/pki/dovecot/certs/dovecot.pem
ssl_key = </etc/pki/dovecot/private/dovecot.pem
(以下、略)
```

※3 https://letsencrypt.org

この秘密鍵（ssl_key）を生成するには、次のコマンドを実行します。

```
# cd /etc/pki/dovecot/private
# openssl genrsa -out dovecot.pem 2048
```

そして、証明書のCSR（署名リクエスト；Certificate Signing Request）を作成します。

```
# openssl req -new -key dovecot.pem -out dovecot.csr
You are about to be asked to enter information that will be incorporated
into your certificate request.
What you are about to enter is what is called a Distinguished Name or a DN.
There are quite a few fields but you can leave some blank
For some fields there will be a default value,
If you enter '.', the field will be left blank.
-----
Country Name (2 letter code) [XX]:JP
State or Province Name (full name) []:Tokyo
Locality Name (eg, city) [Default City]:Shibuya-ku
Organization Name (eg, company) [Default Company Ltd]:Example
Organizational Unit Name (eg, section) []:-
Common Name (eg, your name or your server's hostname) []:test.example.com
Email Address []:

Please enter the following 'extra' attributes
to be sent with your certificate request
A challenge password []:
An optional company name []:
```

ここで作成されたファイルで登録局に申請し、認証局から発行された証明書を、設定ファイルで指定された証明書の場所（ssl_cert）に配置します。

また、新たなポート番号で接続できるようにする必要があります。まずはDovecotの設定ファイル（dovecot.conf）にて利用するサービスとして

「pop3s」を指定します。

```
/etc/dovecot/dovecot.conf
protocols = imaps pop3s submission
```

　また、ファイアウォールでこの IMAP over SSL/TLS や POP over SSL/TLS のポート番号を開放します。以下では、POP over SSL/TLS で受信できるようにしています。

```
# systemctl restart firewalld
# firewall-cmd --add-service=pop3s --permanent
# firewall-cmd --reload
```

　続いて、利用者のメールソフトの設定について考えます。メールソフトの画面では、第 1 章で解説したプロトコルとポート番号を設定することに加え、「接続の保護」として SSL/TLS による暗号化を選択します **【図 6-7】**。

図 6-7　Thunderbird における POP over SSL/TLS の設定

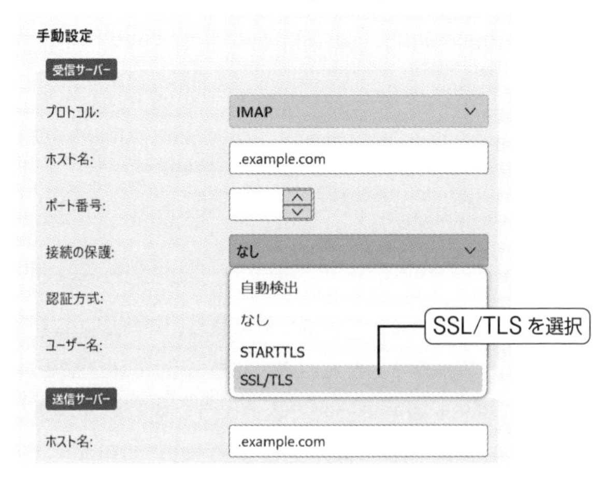

ここでは、POP over SSL/TLSを設定済みのサーバーにコマンドでアクセスし、メールを受信することについて考えます。Telnetでは暗号化通信ができないため、OpenSSLのコマンドを使います。

```
$ openssl s_client -connect pop.example.com:995 -crlf
+OK Capability list follows
USER taro@example.com
+OK send PASS
PASS p@ssw0rd
+OK Welcome.
```

ログインしたあとの使い方はこれまでと同じです。

■ SMTPの経路を暗号化する

メールを送信するときに使われるSMTPでも、POP over SSL/TLSやIMAP over SSL/TLSのようなプロトコルがあり、**SMTP over SSL/TLS（SMTPS）**と呼ばれています。

SMTP over SSL/TLSは、SMTPプロトコルをSSL/TLSを使って暗号化する手法で、メールソフトとメールサーバーの通信に新たなプロトコルを使います。

具体的には、SMTPサーバーに接続するとき、事前にSSL/TLSによる接続を確立します。その後、SMTPクライアントとSMTPサーバー間の通信は、SSL/TLSによって暗号化されます。

これを実現するには、POP over SSL/TLSのときと同様に、メールサーバーに秘密鍵と証明書を配置します。Postfixの設定ファイルである「main.cf」では、次のように秘密鍵と証明書の場所を指定しています。

/etc/postfix/main.cf

```
〜略〜
smtpd_tls_cert_file = /etc/pki/tls/certs/postfix.pem
smtpd_tls_key_file = /etc/pki/tls/private/postfix.key
smtpd_tls_security_level = may
〜略〜
```

この秘密鍵を生成し、生成された秘密鍵からCSRを生成します。

```
# cd /etc/pki/tls/private
# openssl genrsa -out postfix.key 2048
# openssl req -new -key postfix.key -out postfix.csr
```

そして、このCSRで認証局（登録局）に申請し、認証局から発行された証明書を配置します。

続いて、SMTP over SSL/TLSをファイアウォールで許可します。

```
# systemctl restart firewalld
# firewall-cmd --add-service=smtps --permanent
# firewall-cmd --reload
```

SMTP over SSL/TLSを使うとき、メールサーバーの多くはポート番号として465番を利用しています。現在は465番ポートを使うことは非推奨となっていますが、多くのプロバイダやレンタルサーバーでは現在も465番ポートを使用しています。

メールソフトの設定画面では、第1章で解説したプロトコルとポート番号を設定することに加え、「接続の保護」の欄でSSL/TLSによる暗号化を選択します**【図6-8】**。

図 6-8　Thunderbird における SMTP over SSL/TLS の設定

これにより、通信経路上はすべて暗号化されるようになりました【図 6-9】。

図 6-9　経路上での暗号化の組み合わせ

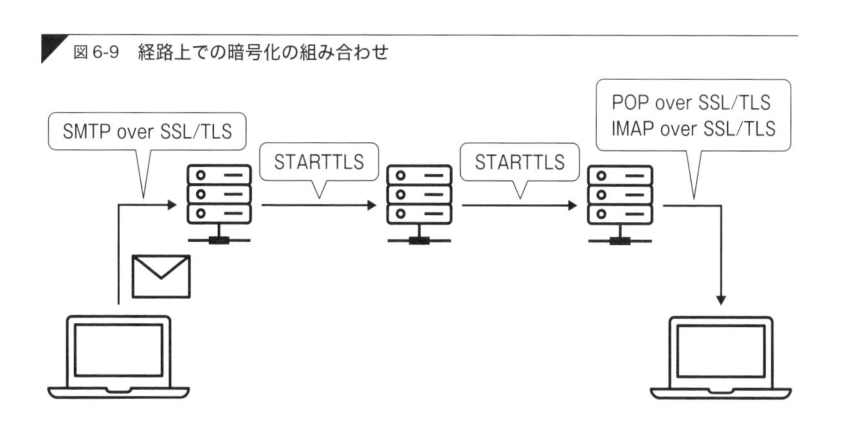

つまり、メールソフトとメールサーバーの間でのメール送信はSMTP over SSL/TLSで、メールサーバーとメールサーバーの間のメール転送はSTARTTLSで、メールサーバーからのメール受信はPOP over SSL/TLSやIMAP over SSL/TLSが使われます。

なお、Thunderbird 78からはTLS 1.0やTLS 1.1でのやり取りはできなくなりました。このため、TLS 1.2以上に対応していないメールサーバーではメールを送信できません。メールサーバーの管理者としては、Postfixの設定ファイルで、次のようにTLS 1.0（TLSv1）やTLS 1.1（TLSv1.1）のような通信は除外するように設定します。

/etc/postfix/main.cf

```
smtpd_tls_ciphers = high
smtpd_tls_mandatory_ciphers = high
smtpd_tls_mandatory_protocols = !SSLv2,!SSLv3,!TLSv1,!TLSv1.1
smtpd_tls_protocols = !SSLv2,!SSLv3,!TLSv1,!TLSv1.1
tls_high_cipherlist = EECDH+AESGCM
tls_preempt_cipherlist = yes
```

memo

ここではSSLv2やSSLv3、TLSv1、TLSv1.1といった表記が登場しています。SSLのバージョンはSSL 1.0→SSL 2.0→SSL 3.0とバージョンアップしましたが、いずれも脆弱性が見つかっています。
このため、SSLの後継プロトコルとしてTLSが定められ、TLS 1.0→TLS 1.1→TLS 1.2→TLS 1.3とバージョンアップしています。執筆時点ではTLS 1.1まで脆弱性が見つかっており、TLS 1.2またはTLS 1.3を使うことが求められています。

■ Webメールにおける暗号化

Gmailなどの Webメールを使う場合、一般的なメールソフトの代わりに

Webブラウザでメールにアクセスします。このとき、メールソフトとメールサーバーの間の通信については、Webメールのソフトウェアが担当するため、**利用者の視点ではWebブラウザとWebサーバーの間の通信が暗号化されていれば問題ありません【図6-10】**。

図6-10　Webメールで暗号化すべき範囲

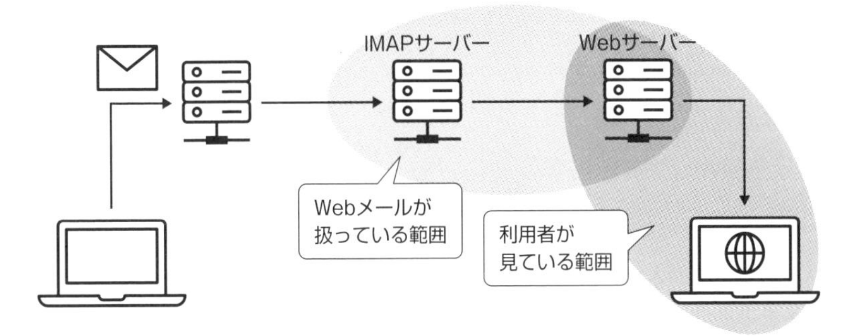

これはメールの受信時だけでなく送信時でも同じで、利用者のWebブラウザとWebサーバーの間の通信は同じように暗号化されており、WebサーバーからSMTPサーバーまでの通信はWebメールのソフトウェアが担当します。

WebブラウザとWebサーバーの通信はHTTPSが使われていることが多く、この部分の通信の暗号化については一般的なWebの利用と変わりはありません。

メールソフトを使うときとの違いとして、メールデータがWebメールのソフトウェアに残ることが挙げられます。IMAPでアクセスしていても、多くの場合はそのデータのコピーを保持します。

つまり、このWebメールソフトの管理者はメールを閲覧できる可能性があります。このため、そのサーバーのプライバシーポリシーなどを確認しておきます。また、メールサーバーのIDとパスワードに加えて、WebメールソフトのIDやパスワードも適切に管理することが求められます。

6-2

本文の暗号化

使えるのはこんな人や場面！

- S/MIMEでメール暗号化や署名を実現したいとき
- PGPでメール暗号化や署名を実現したいとき

■ S/MIMEで暗号化する

SMTP over SSL/TLSやPOP over SSL/TLS、IMAP over SSL/TLSといった技術は、メールそのものが暗号化されているのではなく、端末間を結ぶ経路上の通信が暗号化されているだけです。

つまり、送信者のメールソフトからメールを受け取ったメールサーバーはいったん復号し、次のメールサーバーとの間で再度暗号化して送信します。

受信者側のメールサーバーでも復号され、受信者側のメールソフトとの間は暗号化しますが、送信者が使用しているメールサーバーや、受信者が使用しているメールサーバーではメールがいったん復号されています**【図6-11】**。

図6-11　メールサーバーによる復号

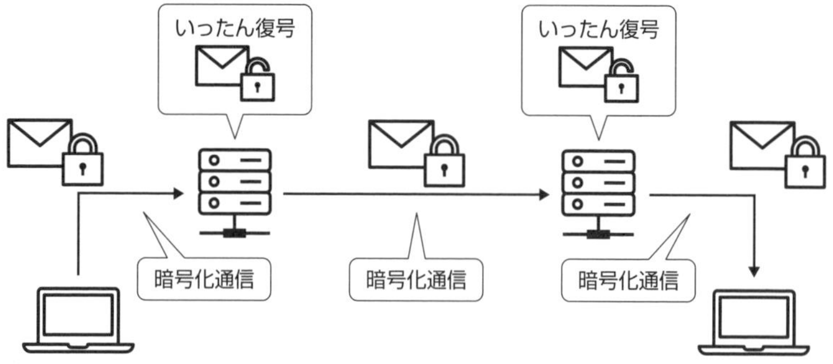

これでは、メールサーバーではメールの内容を盗み見ることができますし、改ざんすることも可能です。双方が使用しているメールサーバーは信頼できても、メールは複数のメールサーバーを経由して送信される可能性があります。このすべてのメールサーバーの管理者が信頼できるかわかりませんし、脆弱性が見つかって盗み見られるかもしれません。

そこで、やり取りするメールそのものを暗号化する方法の1つに**S/MIME**(Secure/Multipurpose Internet Mail Extensions)があります。**S/MIMEは、認証局で発行されたデジタル証明書を使い、公開鍵暗号方式によって暗号化や署名を行います。**つまり、PKI(公開鍵基盤)のしくみを利用してメールの完全性の確保と送信者の確認、機密性の確保を実現しています。

S/MIMEを暗号化に使うときは、共通鍵を使ってメールの本文を暗号化します。そして、メールの送信者が受信者の公開鍵を利用して共通鍵を暗号化し、メールの添付ファイルとして送信します。このため、メールには「smime.p7s」というファイルが添付されており、メールソフトによっては添付ファイルとして表示されたり、リボンのマークが表示されたりします。

受信者は自分の秘密鍵で、届いたメールに含まれる暗号化された共通鍵を復号します。そして、その共通鍵でメールの本文を復号します**【図6-12】**。

図6-12 S/MIMEによる暗号化

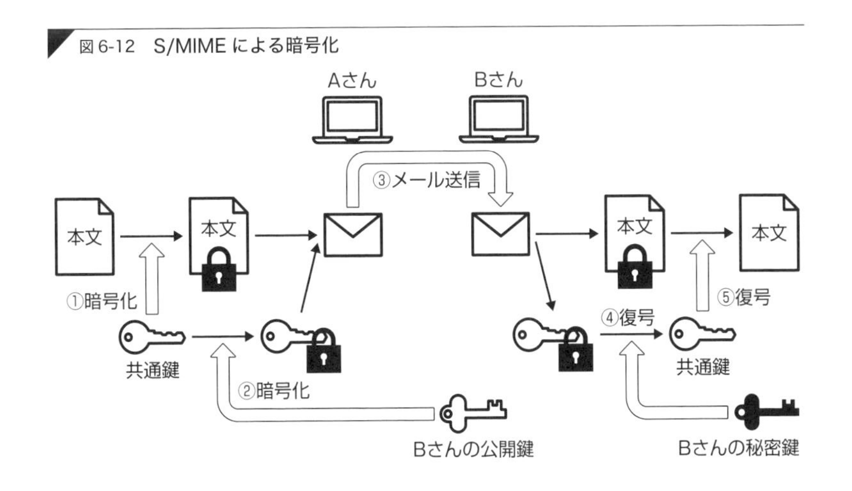

このように、S/MIME は公開鍵暗号と共通鍵暗号を組み合わせたハイブリッド暗号によってメールを暗号化することで、盗み見や改ざんを防いでいます。また、メールに署名するときは、メールから計算したハッシュ値に対し、送信者の秘密鍵で署名します。このデジタル署名を付加することで、そのメールが本来の差出人によって送信されたものであることを保証できます。

このとき、S/MIME で暗号化したものを添付ファイルとして送信するだけなので、メールを送受信するときのプロトコルは SMTP や POP、IMAP などをそのまま使えます。もちろん、これらを暗号化したプロトコルを使用しても構いません。

途中のメールサーバーの管理者はメール本文を復号するために必要な鍵がないため、中身を見ることはできませんし、途中で書き換えることもできません。

なお、S/MIME を使うとき、必ずしもメールを暗号化しなければならないわけではありません。改ざんを防ぐために差出人のデジタル署名を付加したいだけであれば、暗号化せずに平文でメールを作成し、デジタル署名だけを付加して送ることもできます。メールの受信者は添付されたデジタル署名を検証することで正しい送信先から送信されたメールであることを確認できます。

このため、金融機関など偽メールによる影響が大きい業界ではメールを送信するときに、フィッシング詐欺のメールと区別するためにデジタル署名を付加したメールを送信する方法がよく使われます。

安全性が高い S/MIME ですが、利用するには双方のメールソフトが S/MIME をサポートしている必要があります。多くのメールソフトで S/MIME は広くサポートされており、標準化されていますが、メールソフトで S/MIME を有効にするには、証明書のインストールや設定変更が必要です※4。

SMTP over SSL/TLS などはメールサーバー単位に証明書を用意しますが、S/MIME ではメールアドレス単位に証明書を用意する必要があります。このため、費用面や利用者のスキルなどを考慮して導入を判断することが求められます。

※4 暗号化するには相手（受信側）の証明書が必要なので、デジタル署名つきのメールを事前にやり取りする方法などが考えられる。

■ PGP で暗号化する

S/MIME はメール本文の暗号化や署名を実現するために有効な方法です。しかし、S/MIME を使うには、認証局からデジタル証明書を取得し、それをメールソフトに設定する必要がありました。

一般的なメールのやり取りでは、双方がメールを送信するため、その内容を保護するためには双方がデジタル証明書を取得する必要があります。ただし、証明書の取得には費用がかかりますし、インストールの作業は一般の利用者にとって複雑です。もちろん、メールマガジンのように一方向で配信するのであれば、送信する側が証明書を取得すれば十分ですが、受信者が S/MIME の考え方を理解できるかは別の問題です。

また、すべてのメールソフトが S/MIME に対応しているわけではないため、一部の利用者同士でのやり取りにしか使用できません。このため、普及率はそれほど高くありません。

これらの課題に対し、S/MIME よりも歴史がある **PGP**（Pretty Good Privacy）というプロトコルを使用する方法もあります。**PGP は公開鍵暗号を使用していますが、認証局に依存しないことが特徴です。**

よく「友だちの友だちは友だち」と呼ばれることがありますが、PGP も信頼できる相手をたどるという**信頼の網**※5（WoT; Web of trust）によって偽の利用者を見抜けるようにしています。この PGP の仕様を標準化したものが **OpenPGP** で、多くのメールソフトがプラグインなどで対応しています（ただし、PGP もほとんど普及していません）。

この信頼の網は、個々の利用者が他の利用者の公開鍵を信頼する場合に、その公開鍵に署名することで成り立っています。つまり、認証局の代わりにそれぞれが署名するのです。

たとえば、A さんの友人の B さんがいたとします。A さんは B さんのことをよく知っていて、信頼できると考えています。ここで、B さんが自身の公開鍵を A さんに渡します。すると、A さんはこの公開鍵を信頼できるものとして、自身の秘密鍵で署名して B さんに渡すのです。逆に、A さんの公開鍵も

※5「信用の輪」と呼ばれることもある。

Bさんに渡しておくと、BさんはAさんにメールを送るときに、そのAさんの公開鍵で暗号化してメールを送信できます。

このような鍵交換により、今後Bさんからメールが送信されてくると、Aさんは添付されているBさんの公開鍵によって自身が署名したものを確認し、Bさんからのメールであることを確認できます。また、メールが暗号化されているときは、自身の秘密鍵で復号してメールの内容を確認できます。

これは自身の知り合いの公開鍵に自分で署名したものですが、これを友人についても適用することを考えます。もしBさんがITに詳しい人で、「Bさんが信頼した人はみんな信頼できる」と考えたとします。このときは、Bさんが署名した公開鍵を常に信頼することにします。

ここで、Cさんからメールが届いたとします。このメールにはCさんの公開鍵が添付されており、そこにBさんの署名があったとします。この場合は、Bさんが署名した公開鍵を信頼するため、このメールは信頼できると判断できます。

ただし、このように「常に信頼する」というのは難しい相手もいるでしょう。このため、**信頼するレベルを設定できます**。つまり、Bさんは常に信頼するけれど、Dさんは部分的に信頼する、といった具合です。

この信頼するレベルは利用者個人ごとに設定できます。つまり、AさんはDさんを部分的に信頼しますが、EさんはDさんを常に信頼するかもしれません。誰をどのくらい信頼するかは利用者が決められるようになっています。また、「部分的に信頼する」といった署名が複数存在したときに、いくつあると信頼するのかを決めることもできます。たとえば、「部分的に信頼する」という相手の署名が3つあると、その相手を信頼する、ということも可能です。

ここで、その公開鍵が本人によるものであることをどうやって証明するのかを考えます。AさんとBさんのようによく知る間柄であれば、直接会って渡すこともできるでしょう。しかし、そうではない場合もあります。

このようなとき、たとえばIPA（独立行政法人情報処理推進機構）は、脆弱性関連情報を届け出る際に暗号化して送信するために、PGPの鍵をWebサイト上で公開※6しています。そして、その鍵が改ざんされていないことを証

※6「IPA/ISECのPGP公開鍵について」https://www.ipa.go.jp/security/todokede/pgp.html

明するために「フィンガープリント」という値も公開しています。このように公式サイトで公開する方法もあります。

なお、OpenPGPを実装したソフトウェアとしてGPG（GNU Privacy Guard）があります。このGPGを使って鍵を生成するには、GPGをインストールして、「gpg --full-generate-key」というコマンドを実行します。

すると、暗号の種類（アルゴリズム）を選択し、鍵の有効期限や自身の名前、メールアドレス、パスワードなどを求める画面が表示されます。

```
$ gpg --full-generate-key
gpg (GnuPG) 2.4.3; Copyright (C) 2023 g10 Code GmbH
This is free software: you are free to change and redistribute it.
There is NO WARRANTY, to the extent permitted by law.

ご希望の鍵の種類を選択してください：
   (1) RSA と RSA
   (2) DSA と Elgamal
   (3) DSA (署名のみ)
   (4) RSA (署名のみ)
   (9) ECC (署名と暗号化) *デフォルト
  (10) ECC (署名のみ)
  (14) カードに存在する鍵
あなたの選択は? 1
RSA 鍵は 1024 から 4096 ビットの長さで可能です。
鍵長は? (3072) 2048
要求された鍵長は 2048 ビット
鍵の有効期限を指定してください。
     0    = 鍵は無期限
  <n>     = 鍵は n 日間で期限切れ
  <n>w    = 鍵は n 週間で期限切れ
  <n>m = 鍵は n か月間で期限切れ
  <n>y    = 鍵は n 年間で期限切れ
鍵の有効期間は? (0)0
鍵は無期限です
これで正しいですか? (y/N) y

GnuPG はあなたの鍵を識別するためにユーザ ID を構成する必要があります。

本名: Toshikatsu Masui
電子メール・アドレス: info@masuipeo.com
```

```
コメント：
次のユーザ ID を選択しました：
    "Toshikatsu Masui <info@masuipeo.com>"

名前(N)、コメント(C)、電子メール(E)の変更、または OK(O)か終了(Q)? o
たくさんのランダム・バイトの生成が必要です。キーボードを打つ、マウスを動か
す、ディスクにアクセスするなどの他の操作を素数生成の間に行うことで、乱数生
成器に十分なエントロピーを供給する機会を与えることができます。
たくさんのランダム・バイトの生成が必要です。キーボードを打つ、マウスを動か
す、ディスクにアクセスするなどの他の操作を素数生成の間に行うことで、乱数生
成器に十分なエントロピーを供給する機会を与えることができます。
gpg: 失効証明書を'/Users/masuipeo/.gnupg/openpgp-revocs.
d/8832AE91xxxx
6E7E9D24.rev'に保管しました。
公開鍵と秘密鍵を作成し、署名しました。

pub   rsa2048 2023-10-06 [SC]
      8832AE91xxxx6E7E9D24
uid                        Toshikatsu Masui <info@masuipeo.com>
sub   rsa2048 2023-10-06 [E]
```

上記のように応答すると、ホームディレクトリに「.gnupg」というフォルダが作成され、その中に公開鍵や秘密鍵のファイルが生成されます。

なお、この秘密鍵を第三者に知られてしまうと、自分宛のメールを勝手に復号されたり、本人になりすましてデジタル署名したメールを送信できたりします。

秘密鍵を他のデータで上書きしたり、削除したりしてしまうと、自分宛のメールを復号できなくなるため、メールを読めなくなってしまいます。このため、鍵を適切に管理することが求められます。

6-3

DNSSEC

使えるのはこんな人や場面！

- 偽の応答を返すDNSサーバーを使った攻撃に対策したいとき
- 送信側のメールサーバーに対するダウングレード攻撃を防ぎたいとき
- メール送信時のTLSの問題をメールやWebから報告したいとき

■ DNSの応答にデジタル署名を付加する

第1章では、DNSが分散型で運営されており、フルサービスリゾルバーが一定の期間はキャッシュを保持しておくことを解説しました。

これは効果的なしくみですが、悪意のあるサーバーが存在することを想定していません。権威DNSサーバーがフルサービスリゾルバーに応答する前に、偽の権威DNSサーバーが偽の応答を返すとどうなるでしょうか？**【図6-13】**

図6-13　偽のDNSサーバーによる応答

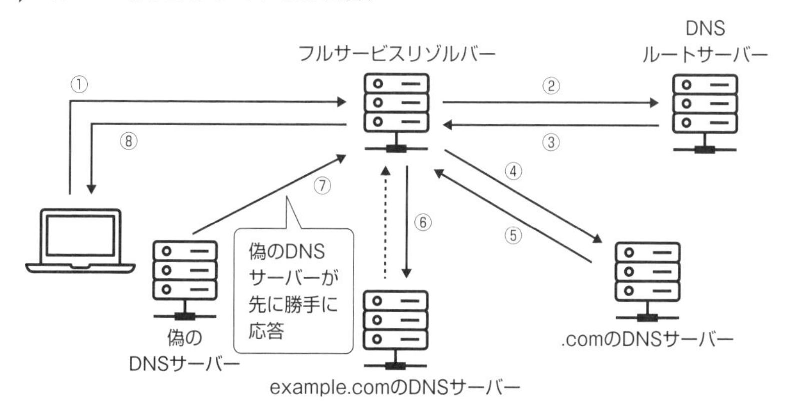

この場合、フルサービスリゾルバーは受信した応答内容を利用者に返すとともに、一定の期間キャッシュします。これにより、最初に問い合わせた利用者だけでなく、そのフルサービスリゾルバーを使用している全員が偽のメールサーバーにアクセスしてしまうことになります。

利用者はいつも通りのURLやメールアドレスを入力しているのに、異なるWebサーバーやメールサーバーにアクセスされてしまうため、攻撃されていることに気づきにくいものです**【図6-14】**。

図6-14　偽のWebサーバーへの誘導

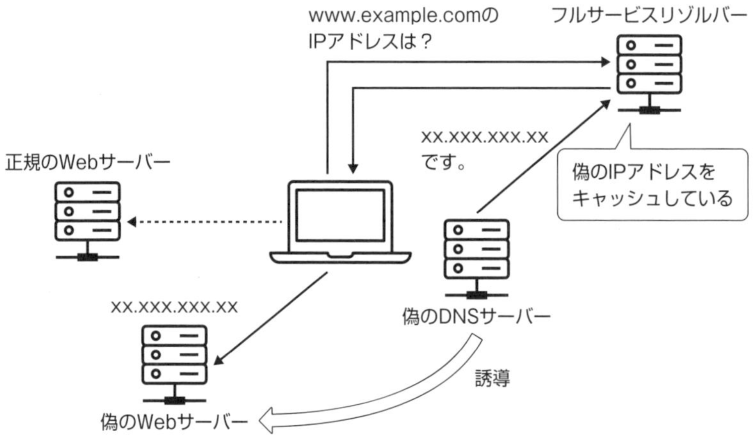

この攻撃が成立する理由は、偽の情報を受け取って記憶させてしまうことです。これを**DNSキャッシュポイズニング**といい、日本語では**DNS毒入れ攻撃**とも呼ばれます。

これはDNSというプロトコルそのものの脆弱性であり、偽装したDNSサーバーを設置され、なりすましたメールサーバーにメールを送信されてしまうと、他のメールサーバーに送信してしまうことになります。STARTTLSなどで暗号化しているのはメールサーバーとの間の通信だけであり、メールサーバーでは本文が平文で処理されるため、偽のメールサーバーに送信されるとメールを傍受できてしまいます。

そこで、このような攻撃を防ぐために、DNSのプロトコルを拡張した技術が **DNSSEC**（DNS Security Extensions）です。

DNSSECは権威DNSサーバーからの応答が改ざんされていないことと、正しい相手からの応答であることを保証します。 このために公開鍵暗号のしくみを使いますが、DNSの問い合わせや応答を暗号化することを目的にしたものではありません。

具体的には、権威DNSサーバーにDNSデータだけでなく秘密鍵で署名したデータを保持します。フルサービスリゾルバーから問い合わせがあると、DNSデータに署名を付加して応答します **【図6-15】**。

図6-15　DNSSECによる署名の付加

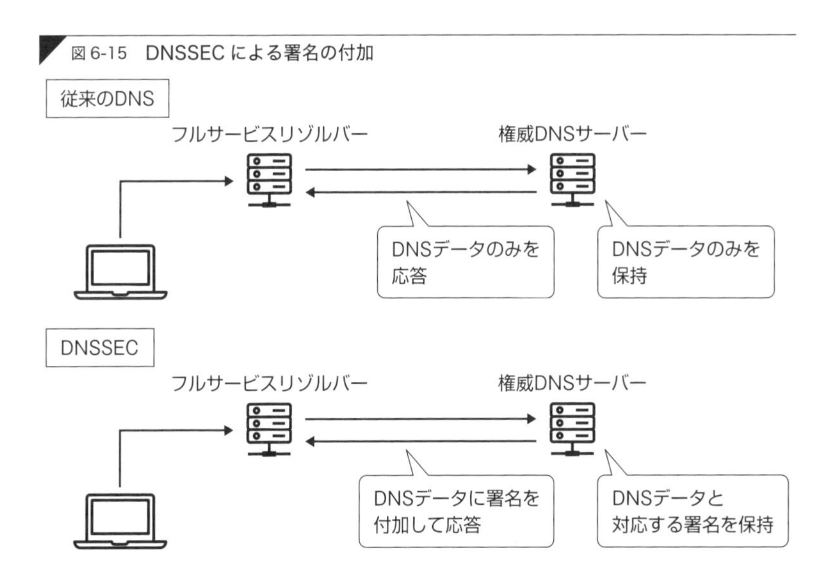

フルサービスリゾルバーは、この応答を受け取ると、権威DNSサーバーの公開鍵をもとにこの署名を検証し、正規のDNSデータであることを確認します。これにより、フルサービスリゾルバーにてDNS応答の改ざんの有無や、正しい相手からの応答であることを確認できます。

ここで、この権威DNSサーバーの公開鍵が改ざんされていると意味がありません。このため、この公開鍵のハッシュ値を事前に親ゾーンの管理者に送信しておきます。

親ゾーンの管理者は、受け取ったハッシュ値を自身の秘密鍵で署名して公開します。さらに、親ゾーンの管理者も自身の公開鍵のハッシュ値をその親ゾーンの管理者に送信します**【図6-16】**。

図6-16　DNSSECによる署名のしくみ

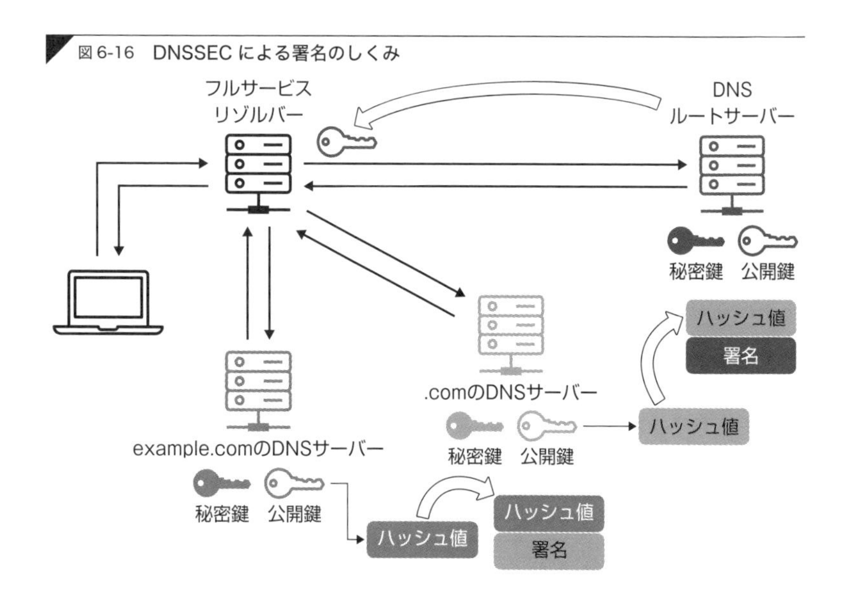

これにより、「信頼の連鎖」（chain of trust）を構築できます。これは、Webサイトなどで使われているSSL/TLSの証明書で、認証局をルート認証局までたどるのと同様の考え方です。

memo

以下のサイトにアクセスすると、使用しているフルサービスリゾルバーがDNSSECに対応しているかどうかを確認できます。
「Are you protected by DNSSEC? Or Not?」http://www.dnssec-or-not.com
また、権威DNSサーバーがDNSSECに対応しているかどうかを確認するには、次のサイトを使用するとよいでしょう。
「DNSViz」https://dnsviz.net

■ DANEを利用する

STARTTLSのダウングレード攻撃を防ぐため、6-1節ではMTA-STSを使った方法について解説しました。しかし、DNSのキャッシュポイズニングなどでDNSサーバーのレコードを改ざんされると偽のメールサーバーを使用され、MTA-STSを無効化できてしまいます。

また、MTA-STSでは、証明書を使って送信先が正しいことを検証していました。ここで、Root CAまでたどれるような偽の証明書が使われると、偽物かどうかの区別ができず、悪意のある中間者はメールを詐取可能であることを意味します。

そこで登場するのが、DNSSECを必須とした**DANE**という技術です。**DANEはMTA-STSと同様に受信側のメールサーバーが対応することで、送信側のメールサーバーに対してダウングレード攻撃を防ぐために使われます。**

DANEでは、公開鍵証明書の認証局（CA）は使用しません。使用しても問題ありませんが、通常の認証局のように検証はされないため、いわゆる「オレオレ証明書※7」でも問題ありません。

その代わりに、DNSSECの「信頼の連鎖」を使って、公開鍵や証明書をDNSの署名により正当性を検証します。つまり、DNSSECのDNSルートサーバーからの信頼によって、DNS情報が正しいことを確認します。

そして、具体的な証明書の内容は、DNSサーバーにテキストレコードとして追加します。このとき、「TLSA」という指定を追加するため、**TLSAレコー**

※7 自己署名証明書のこと。自分自身で発行した証明書のため、何の保証もないものの、暗号化や認証に使うことができる。

ドと呼ばれています。

たとえば、次のような内容を登録します。

```
_443._tcp.www.example.com. IN TLSA (3 1 1 e3b0c442～1b7852b855)
```

このレコードでは**表 6-1** のような項目を指定しています。

表 6-1　TLSA レコード

指定内容	意味
_443._tcp.www.example.com	www.example.com というドメインの HTTPS 接続 (TCP/443) に対応していること。
3 1 1	1 つ目の数字 (3)：証明書の使用法 2 つ目の数字 (1)：セレクター 3 つ目の数字 (1)：マッチングタイプ
e3b0c442～1b7852b855	ハッシュ値

この真ん中の行で指定している 3 つの数字は、それぞれ次のような意味があります。

1 つ目の数字は、送信元が宛先のメールサーバーの証明書を確認する方法を意味し、**表 6-2** の値で指定します。

表 6-2　証明書の使用法

値	識別子	意味
0	PKIX-TA	証明書をトラストアンカーのパブリック CA として使用する。
1	PKIX-EE	証明書を宛先サーバーのものとして使用する（エンドエンティティ制約）。
2	DANE-TA	証明書の検証に使用するトラストアンカーを指定する。
3	DANE-EE	宛先サーバーの証明書として使用する（ドメイン認証）。

２つ目の数字はセレクターで、証明書のどの部分をチェックするかを**表 6-3** の値で指定します。

表 6-3　セレクター

値	識別子	意味
0	Cert	完全な証明書として使用する（Full Certificate）。
1	SPKI	証明書の公開鍵とアルゴリズムとして使用する（Subject Public Key Info）。

３つ目の数字はマッチングタイプで、証明書がこの TLSA レコードでどのように表されているかを**表 6-4** の値で指定します。

表 6-4　マッチングタイプ

値	識別子	意味
0	Full	TLSA レコードのデータをそのまま証明書として使用する。
1	SHA2-256	TLSA レコードの値を SHA-256 のハッシュ値として使用する。
2	SHA2-512	TLSA レコードの値を SHA-512 のハッシュ値として使用する。

この**表 6-4** でハッシュ値を使用しないような指定はあまり使われず、「3 1 1」や「3 1 2」が多く使われます。そして、SHA-256 や SHA-512 を使って TLS の公開鍵をハッシュ化した値を、この TLSA レコードの最後の項目として指定します。

DANE では DNSSEC によって署名を検証できない場合や、公開鍵が正しくない場合は、メールを配送しません。これにより、STARTTLS による通信を必須にして、TLS 1.0 以上（できれば 1.2 以上）を必ず使うように要求します。

このような TLSA レコードを作成するには、ハッシュ値を計算する必要があるため、OpenSSLを使います。Let's Encryptの証明書を使っている場合は、該当のドメインの証明書を使って、次のように実行します。

```
$ cd /etc/letsencrypt/live/example.com
$ openssl x509 -in cert.pem -pubkey -noout | openssl pkey
-pubin -outform der | sha256sum
```

これによって生成されたハッシュ値をDNSサーバーでTLSAレコードとして設定します。

さらに、Postfixの設定を変更します。

/etc/postfix/main.cf

```
smtpd_use_tls = yes
smtp_dns_support_level = dnssec
smtp_tls_security_level = dane
```

なお、Let's Encryptの証明書は有効期限が90日ですので、上記のハッシュ値も定期的に更新が必要です。証明書の更新と併せて、このハッシュ値の更新を忘れないように、シェルスクリプトなどで自動更新するように設定しておくとよいでしょう。

memo

DANEはDNSSECによって正当性を検証しています。つまり、DNSSECが正しく運用できていないと、その内容も信頼できなくなってしまいます。このため、DNSSECを正しく設定できているかを確認してから使用することが必須だといえます。

■ TLS-RPTを利用する

MTA-STSやDANEを有効にするだけでは、相手が接続に失敗したことがわかりません。つまり、暗号化されたチャネルの確立に失敗したことを検出するために、報告する手段が必要です。

そこで、メール送信時のTLSの問題を報告したり、設定ミスを検出したりするための規格として**TLS-RPT**（SMTP TLS Reporting）があります。**TLS-RPTは、MTA-STSやDANEが成功した、失敗した、という情報をレポート形式で送ってもらうしくみです。**MTA-STSでは、modeがnone以外であればレポートが作成されます。

レポートをメールで送信するには、その宛先をDNSサーバーに設定します。たとえば、問題が発生したときに「report@example.com」宛に送信したい場合は、次のように設定します。

```
_smtp._tls.example.com. IN TXT "v=TLSRPTv1; rua=mailto:report@
example.com"
```

レポートをメールで送信するのではなく、Webから送信するには、そのURLをDNSサーバーに設定します。

```
_smtp._tls.example.com.  IN  TXT  "v=TLSRPTv1;  rua=https://
example.com/report"
```

memo

MTA-STSやDANEは、受信者側が送信側に対してTLSを強制するものでした。しかし、送信者側がTLSを強制したい場合もあります。この場合は、「Require TLS」というしくみが使われます。RFC 8689で文書化されており、EHLOで接続したときの応答として「REQUIRETLS」があれば、SMTPでメールを送信するときのMAIL FROMのフィールドに「REQUIRETLS」という指定を追加します。

Exercises 練習問題

Q1 **APOPで使われる技術として正しいものはどれか。**

A）公開鍵暗号　B）共通鍵暗号　C）ハッシュ　D）デジタル署名

Q2 **STARTTLSを使うメリットとして正しいものはどれか。**

A）メールの送信元や宛先のメールアドレスも暗号化できる

B）既存のメールのプロトコルを使うためポート番号の変更が不要である

C）添付ファイルをファイル共有サービスに格納することでメールの容量が減る

D）宛先のメールサーバーと直接接続することで、高速に通信できる

Q3 **S/MIMEの特徴として正しいものはどれか。**

A）認証局で発行された証明書を使って暗号や署名を実現している

B）メール本文を公開鍵暗号で暗号化している

C）メールを送信するときには宛先の公開鍵を知っている必要がある

D）友人の公開鍵にデジタル署名することで信頼関係を構築できる

Q4 **DNSSECについて正しい記述はどれか。**

A）通常のDNSとは異なるポート番号を使用する

B）通常のDNSとは別のサーバーを用意する必要がある

C）DNSサーバーとの問い合わせや応答などのやり取りが暗号化される

D）正しい相手からの応答であることと、データが改ざんされていないことを保証できる

正解）Q1：C、Q2：B、Q3：A、Q4：D

第7章

メーリングリストとメールマガジン

決まった複数の宛先にメールを送るとき、すべてのメールアドレスをBcc欄に指定するのは面倒です。相手のメールアドレスが変更になることを考えると、その管理も大変です。このときに使われるメーリングリストやメールマガジンについて解説し、プログラムなどからメールを送信する方法についても紹介します。

7-1

メーリングリスト

使えるのはこんな人や場面！

- 登録者が相互にメールを配信できるメーリングリストを構築するとき
- メーリングリストを構築するときのソフトウェアを知りたい方
- メーリングリストを適切に運用したい管理者

■ メーリングリストの特徴を知る

複数の宛先にメールを一斉に送信するしくみとして**メーリングリスト**があります。頭文字を取って「ML」と呼ばれることもあります。特定のテーマについて情報を共有するために作られるもので、配信用のメールアドレスにメールを送信すると、そのメーリングリストに登録しているすべての利用者に対して一斉にメールを送信できます**【図 7-1】**。

図 7-1　メーリングリスト

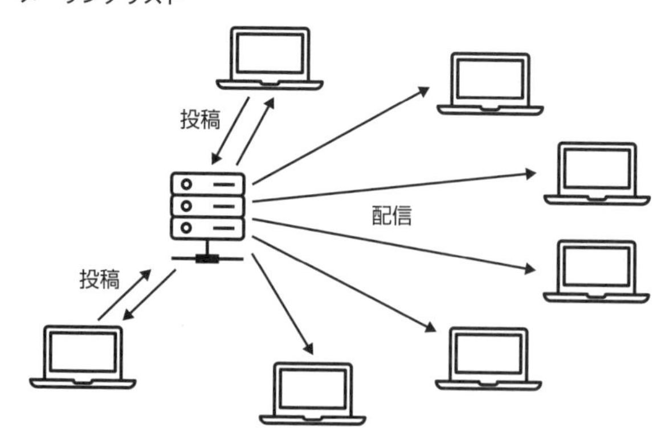

メーリングリストは特定の誰かが投稿するのではなく、そのメーリングリストに参加している人であれば誰でも投稿できるように設定されていることが多いものです。 そして、メーリングリストへの登録や解除も利用者が自由にできることが一般的です。

利用者の情報はメーリングリストで管理されるため、他の利用者のメールアドレスを知ることなく、すべての利用者に向けてメールを配信できます。

利用者が自身のメールアドレスを変更したときも、このメーリングリストへの登録内容を変更すれば、それ以降にこのメーリングリストから届くメールは新しいメールアドレスに配信されます。

このため、企業の利用だけでなく、学校での情報共有や意見交換など、さまざまなコミュニケーションが必要な場面で使われています。

近年では、Google グループのようなクラウド型のサービスを使う方法もありますし、LINE グループや Slack、Discord のようなチャットツールを使っても似たようなことができます。このため、少しずつメーリングリストを使う人は減っていますが、メールアドレスだけで登録できて、特別なアプリを導入する必要がないことから、長く使われています。

メーリングリストは便利ですが、使うときには注意点もあります。投稿すると、すべての参加者に届くため、スパムメールの配信に悪用される可能性があります。また、誰が参加しているのかを把握していないと、同業他社に対して情報を共有してしまうなど、情報漏えいにつながる可能性があります。

これらの問題を避けるには、ガイドラインやポリシーを作成し、それを運用し続けなければなりません。**つまり、メーリングリストの管理者は、適切に運用されているかを確認するために、次のような作業を定期的に実施します。**

- **メンバーの追加と削除**
  新たなメンバーの追加、配信に失敗する既存メンバーの削除など
- **コンテンツのモニタリング**
  投稿内容のチェック、不適切な投稿の送信者への警告、アカウント停止
- **更新の管理**
  重要な通知などの管理者からの配信

■ メーリングリストを作る

メーリングリストを作るとき、メーリングリストのソフトウェアをメールサーバーにインストールする方法と、クラウド型のメーリングリストやレンタルサーバーが提供しているサービスに登録する方法があります。

メーリングリストをメールサーバーで構築するときは、GNU Mailman※1やSympa※2の他、国産のfml※3などのソフトウェアが多く使われています。ここでは、fmlをインストールして設定しますが、いずれのソフトウェアであっても構築が面倒です。基本的にはクラウド型のメーリングリストや、レンタルサーバーが提供しているサービスを使うか、GoogleグループやLINEグループ、Slackなどのツールを使うことをお勧めします。

fmlを導入してメーリングリストのサーバーを構築するには、VPSなどのサーバーにログインして、グループとユーザーを作成します。ここでは「fml」というグループと、そのグループに所属する「fml」というユーザーを作成しています。

```
# groupadd fml
# useradd -g fml -m fml
```

次に、fmlをダウンロードします。まずはcurlコマンドでfmlのFTPサーバーに接続して最新バージョンを確認し、そのファイルをダウンロードします。執筆時点での最新バージョンは7.99.1でした。

```
# curl ftp://ftp.fml.org/pub/fml8/
total 14
-r--r--r--  1 2801  wheel  6930569 Sep 10  2018 fml-7.99.1.tar.gz
drwxr-xr-x  2 2801  wheel     2048 Sep 10  2018 old
# curl -O ftp://ftp.fml.org/pub/fml8/fml-7.99.1.tar.gz
```

ダウンロードが完了すると、curlコマンドを実行したときのディレクトリ

※1 https://list.org
※2 https://www.sympa.community
※3 https://www.fml.org/software/fml8/

に格納された「fml-7.99.1.tar.gz」というファイルを解凍（展開）しなければなりません。AlmaLinuxを標準設定のまま使っている場合、tarが導入されていないため、tarを導入します。また、fmlを使うにはPerlが必要ですので、これも併せて導入しておきます。

```
# dnf install -y tar perl
```

これらを導入したあとで、ダウンロードしたファイルを解凍し、インストールします。

```
# tar -xzvf fml-7.99.1.tar.gz
# cd fml-7.99.1
# ./configure --with-default-domain=example.com
# make install
```

処理が正常に終了すると、標準的な設定では、「/usr/local」というディレクトリにfmlがインストールされます。また、fmlの設定ファイルが「/usr/local/etc/fml/main.cf」に作成されます。

設定が終わると、上記で作成したfmlというユーザーでログインし、メーリングリストを作成します。

```
# su - fml
$ makefml newml sample
```

このコマンドを実行すると、「sample」という名前のメーリングリストが作成されます。このメーリングリストについての設定内容は「/var/spool/ml/sample」のように、メーリングリストの名前がついたディレクトリに保存されます。

続いて、このメーリングリストにメールを投稿したり、そのメーリングリストに投稿されたメールを配信したりするメンバーを登録します。

```
$ makefml add sample {メンバーのメールアドレス}
```

これにより、sampleという名前のメーリングリストに、メールアドレスを追加できます。登録されたデータは、「/var/spool/ml/sample/members」や「/var/spool/ml/sample/recipients」といったファイルに記録されています。追加したい人の数だけ、このコマンドを繰り返します。

投稿できるだけで配送してほしくないメールアドレスを追加するときは、次のコマンドを実行すると、「/var/spool/ml/sample/members」のみに追加できます。

```
$ makefml addmember sample {メンバーのメールアドレス}
```

逆に、投稿する必要はなく、配送だけのメールアドレスを追加するときは、次のコマンドで「/var/spool/ml/sample/recipients」のみに追加できます。

```
$ makefml addrecipient sample {メンバーのメールアドレス}
```

続いて、メーリングリストに投稿されるメールを受け取って、転送するためのメールサーバーが必要です。ここでは、第3章でも解説したPostfixを使うことにします。このとき、メールサーバーに送信されたメールを自動的に転送するために、エイリアス（aliases）と呼ばれる設定を追加します。

エイリアスは、標準的なシステムでは、「/etc/aliases」という場所に保存されているファイルで、行単位で転送先を指定します。たとえば、次のように指定すると、「abc」宛のメールが「def」宛に転送されることを意味します。

```
abc: def
```

つまり、ドメインが「example.com」であれば、「abc@example.com」にメールを送信すると、「def@example.com」に転送されるのです。また、次のように指定すると、別のドメインに転送することもできます。

```
abc: info@masuipeo.com
```

これは、「abc@example.com」というメールアドレスに届いたメールを「info@masuipeo.com」に転送することを意味します。さらに、次のように指定すると、他のプログラムに転送することもできます。fmlはこのしくみを使用して、指定したメールアドレスに届いたメールをfmlに転送しています**【図7-2】**。

```
abc: "|/path/to/program"
```

図7-2 **プログラムによる転送**

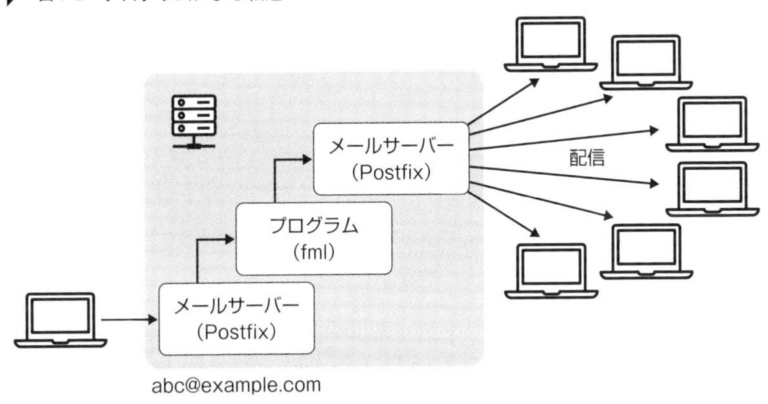

fmlでは、このファイルは使わずに、専用のエイリアスとして「/var/spool/ml/etc/mail/aliases」というファイルを用意しています。このファイルに、メーリングリストからの転送設定が書かれており、次のように「:include:」で他のファイルを読み込んでいます。

/var/spool/ml/etc/mail/aliases

```
### <ALIASES sample@example.com ML> ###

# address for post
sample: :include:/var/spool/ml/sample/include
owner-sample: fml

# address for command
sample-ctl: :include:/var/spool/ml/sample/include-ctl
owner-sample-ctl: fml

# maintainer
# XXX -request is mandatory in the scope of RFC2142.
sample-request: sample-admin
sample-admin: fml, sample-error

# error analyzer
sample-error: :include:/var/spool/ml/sample/include-error
owner-sample-error: fml

### </ALIASES sample@example.com ML> ###
```

このエイリアスを使って、メーリングリストにメールが届いたら、Postfixのプログラムを起動するように、Postfixの設定ファイルのmain.cfを次のように変更します。この「allow_mail_to_commands」というフィールドの行を新たに追加し、「alias_maps」の行は既存の行に追加します。

/etc/postfix/main.cf

```
～略～
allow_mail_to_commands = alias,forward,include
alias_maps = hash:/etc/aliases
             hash:/var/spool/ml/etc/mail/aliases
```

このファイルを編集し保存したら、その変更内容を反映させるためにPostfixを再起動します。

```
# systemctl restart postfix
```

memo

AlmaLinuxなど最近のLinuxの多くはSELinuxが有効になっており、前ページのエイリアスのファイルなどをそのままでは読み込めなくなっています。とりあえず試したい場合は、次のように「/etc/selinux/config」を編集してサーバーを再起動し、SELinuxを無効にする方法が手軽です。

/etc/selinux/config

```
(略)
SELINUX=disabled
(略)
```

これで、メーリングリストのメールアドレスにメールを送信すると配信される状態になりました。なお、メーリングリストにメールアドレスを追加したり削除したりするのに、毎回コマンドで作業するのは面倒です。**fmlでは、メールを送信することで登録することもできます。**

sample@example.comというメーリングリストに参加したい場合は、本文に「subscribe 増井敏克」のように自分の名前を書いたメールを「sample-ctl@example.com」に送信すると、次のようなメールが届きます。

```
こちらはexample.comドメインのfml8メーリングリストシステムです。
コマンド処理の結果は次の通りです。

>>> subscribe 増井敏克
以下のコマンド(confirm行)を送り返してください。

このメールに単にリプライするだけでも十分です。
#行頭から始まっていなくてもコマンドは解釈されます。

confirm subscribe b3181187ee238cccda51d6e7505ec855
コマンドは正常に処理されました。
```

このメールに返信すると登録が完了し、次のようなメールが届きます。

```
こちらは example.com ドメインの fml8 メーリングリストシステムです。
コマンド処理の結果は次の通りです。

>>> confirm subscribe b3181187ee238cccda51d6e7505ec855
info@masuipeo.com を 受信者 として登録しました。
info@masuipeo.com を ML のメンバー ( 投稿者 ) として登録しました。

あなたは sample@example.com メーリングリストへ登録されました。

**********************************************************************
*********

        sample@example.com メーリングリストへようこそ

ML への投稿は sample@example.com へ送ってください。
```

なお、fmlでメーリングリストを作成すると、そのメーリングリストを管理し、利用者が自由に登録できるようにするWebアプリも自動的に作成されます。今回は「fml」というユーザーを作成しているため、このユーザーのホームディレクトリである「/home/fml/」というディレクトリ内に「public_html」というディレクトリが作成され、その中に格納されています。

このWebアプリを使うには、Webサーバーを構築する必要があります。Webサーバーとしてnginxや Apacheがよく使われており、これらでCGIを使えるように設定します。

本書はメールについての解説なので、Webサーバーの構築については省略しますが、多くの場合、メーリングリストのソフトウェアはSMTPサーバーやWebサーバーと組み合わせて使います。

ここで紹介したfmlをはじめ、最近は更新が止まっているソフトウェアも多く、セキュリティ面を考えても、メーリングリスト以外の選択肢も検討すべき時代だと感じます。

■ メーリングリストを運用する

メーリングリストを作成すると、あとは利用者が相互にやり取りできます。このため、管理者がメールの送信に頻繁に関わる必要はありません。しかし、メーリングリストの中でのやり取りを監視していないと、スパムメールが送信されたり、不適切な内容が送信されたりする可能性があります。

このため、一般的なサーバーを運用するときと同じように、メーリングリストも運用しなければなりません。**投稿されるメール内容を確認するだけでなく、登録されているメールアドレスを定期的に確認することも必要です。**

利用者がメールアドレスを変更したときに、メーリングリストへの登録内容を変更することを忘れると、メールが届かなくなることがあります。これを放置すると、エラーメールばかりが増え、それ以降に投稿されるメールがスパムメールだと判断される可能性があります。

会社で使用しているメーリングリストの場合、退職者がメーリングリストから抜けていないと、社内の情報が筒抜けになってしまう可能性もあります。逆に、中途採用の人はメーリングリストの存在に気づかず、議論に参加できていないこともあります。このため、誰がメーリングリストに参加しているのかを定期的に確認します。

このような状況への対策としては、投稿できる利用者を制限する方法も考えられます。

また、スパムメールではなくても、メールが頻繁に送信されると、利用者はそのメールを読みきれず、登録をやめてしまうかもしれません。このため、メールのテーマによってメーリングリストを分割するなど、必要な利用者だけを登録することが必要です。

まったく投稿されないメーリングリストが残り続ける問題もあります。誰も使っていないのであれば無駄ですので、その利用状況を把握しておきます。

7-2

メールマガジン

使えるのはこんな人や場面！

- 複数の宛先に一方向から配信するメールマガジンを構築するとき
- サーバーを構築せずに、メールマガジンを配信したいとき
- メールマガジンの代替案を知りたい方

■ メールマガジンの種類

メーリングリストは参加者が双方向に情報を共有するために使われることが多いものですが、企業からの情報発信のように一方向で送信したい場合もあります。このときに使われるのが**メールマガジン**（メルマガ）で、**特定の発信者が参加者に情報を伝達するために使われます**【図 7-3】。

図 7-3　メールマガジン

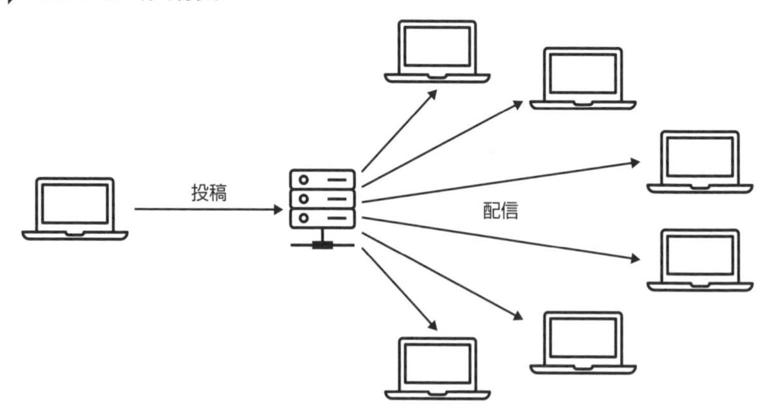

メールマガジンもメーリングリストと同じように、利用者が自身で登録や解除が可能なことが多いですが、その企業の商品を購入したときに会員登録すると、自動的にメールマガジンに登録されるような設定になっていることもあります。

そして、企業側がメールマガジンの文面を作成して配信することで、登録者に対して企業は直接的に広告などを配信できます。

テレビCMや新聞などの媒体を使うと、多くの人に広告を届けることはできますが、それを見た人の多くはその内容に興味がありません。しかし、メールマガジンでは、その企業や製品に興味がある人が登録していることが多く、その内容を見て購入につながる可能性が高いといえます。

また、テレビCMや新聞で広告を配信して、商品が購入されたとしても、購入者がその広告のどの部分に反応したのかを調べることは困難です。しかし、メールマガジンであれば、本文中のリンクにパラメータを埋め込むことで、誰がどのリンクをクリックしてWebサイトを開いたのかを把握できます。

このように、メールマガジンを使うと、メールの開封率やリンクのクリック数などを数値として測定できることがメリットです。また、メールは基本的に無料で作成できるため、テレビCMや新聞などと比較して、安価に配信できます。

さらに、HTML形式のメールマガジンを配信することで、商品の写真や細かな説明などを見栄えのするメールとして送信できます。もちろん、テキスト形式のメールマガジンを配信することもできます。

テキスト形式のほうが迷惑メールとして認識される可能性が低く、利用者のメールソフトの影響を受けにくいという特徴がありますが、近年はHTML形式のものが多く使われているように感じます。

■ メールマガジンを作る

メーリングリストは特定のテーマに沿ったコミュニティにおける、ちょっとした情報共有に使われるため、登録している人数はそれほど多くありません。誰でも投稿できるため、一般的には数十人程度、多くても100人～200人程度です。人数が多くなると、頻繁にメールが配信され、受信者がメールのやり取りを流れとして追うことが難しくなります。

このため、1つのメーリングリストで送信される宛先の数はそれほど多くなることはなく、レンタルサーバーなどで用意されているメールサーバーでも十分です。

しかし、メールマガジンの場合は、企業が顧客に対して配信するために使われることが多く、数千人から数万人といった規模になることは少なくありません。このように大量のメールを送信するときは、スパムメールとして扱われないように工夫する必要があります。

そこで、**メールマガジンでは、大量のメールを配信するしくみを備えたクラウド型のサービスがよく使われます**。無料で利用できるものの広告が入るサービスや、配信するメールアドレスの数に応じて費用がかかる有料のサービスなどがあります**【表7-1】**。

表7-1　日本語で使えるメールマガジン配信サービスの例

名前	URL
まぐまぐ	https://www.mag2.com
オレンジメール	https://orange-cloud7.net/mail/
配配メール	https://www.hai2mail.jp
Mailwise（メールワイズ）	https://mailwise.cybozu.co.jp
ブラストメール	https://blastmail.jp

こういったサービスでは、メールマガジンの配信機能などのシンプルな機能だけでなく、配信したメールに画像を埋め込んで開封率を測定したり、URLにパラメータを自動的に付与してアクセス数を測定したりする機能などを備えています。

■ メールマガジンの代替手段

メーリングリストがGoogleグループやLINEグループ、Slack、Discordなどに変わっていったことと同じように、メールマガジンも少しずつ他の手段に移り変わりつつあります。

代表的な例がX（旧Twitter）やInstagram、LINE公式アカウントのようなSNSの利用です。利用者が普段使っている便利なサービスを使うことで、より多くの人に気軽に届けられるようになりました。

ただし、これらのサービスでは短文で頻繁に投稿することが一般的です。それに対し、これまでのメールマガジンは比較的長文を投稿でき、頻度は少ないものです。

この中間的な存在としてブログがあります。公式サイトよりも頻繁に更新できるというメリットがあり、note※4のようなサービスを使っている企業もあります。ただし、ブログでは投稿したことを利用者に通知することは難しく、RSSリーダーなどを使って読んでもらうことが必要でした。誰が読んでいるのかを把握することも難しいものです。

そこで、メールマガジンとブログの両方の特徴を活かしたサービスとして、近年ではSubstack※5が注目されています。メールマガジンとブログ、ポッドキャストなどを運用できるクラウド型のサービスで、SNSのような使い方もできます。

企業によっては、独自のスマホアプリを開発し、会員登録した利用者に対して直接プッシュ通知を送る方法を採用しています。クーポンの配信なども可能で、決済サービスとの連携など、これまで以上に顧客を繋ぎ止める効果が得られています。

その他にも、YouTubeなどの動画配信サービスや、ウェビナーの開催など、複数の情報伝達手段を組み合わせて、少しでも多く顧客との接点を持つ工夫が求められています。

※4 https://note.com
※5 https://substack.com/

7-3

オプトインとオプトアウト

使えるのはこんな人や場面！

- 広告メールを配信する許諾を得るとき
- フォームや店頭などでメールアドレスを収集するとき
- 広告などの配信を停止するための導線を設置するとき

■ 受信を希望する人にだけメールを配信する

メーリングリストやメールマガジンといった方法は多くの人にまとめてメールを送信できて便利ですが、配信されることを希望していない人に送信すると問題になります。

送信者はよかれと思って送信していても、受信者にとってはスパムメールでしかありません。このように、受信者の承諾を得ずに送信される広告を**未承諾広告**といいます。

このようなメールが多く送信されると、受信者としては不要なメールの処理に時間がかかりますし、ネットワークの管理者としても無駄な通信が帯域を占有してしまいます。

こういったメールを防ぐため、日本では2002年に**特定電子メール法**（特定電子メールの送信の適正化等に関する法律）が制定されました。また、2005年の改正では、受信者が許可していないのにも関わらず広告としてメールを送信するときには、「広告メールを送らないでほしい」と意思表示した消費者にメールを続けて送ることを禁止しました。これを**オプトアウト規制**といいます。そして、メールのタイトルには「未承諾広告※」のような文字をつけることが求められました。

しかし、その実効性には疑問の声も多く、2008年には電子メールで広告を送信することに承諾していない消費者に対して広告メールを送信することが原則として禁止されました。これを**オプトイン規制**といい、電子メールだけでなくSMS（ショートメッセージ）でも規制対象となっています。

この「オプトイン」と「オプトアウト」という言葉には、次のような違いがあります。

・オプトイン

利用者が明示的にメールの受信を希望する行為。メールの受信を希望しない場合には、メールを送信してはいけない。

・オプトアウト

利用者がメールを受信したときに、今後はメールの受信を希望しないことを示せるように、受信の停止を選択できるようにする。

なお、メールアドレスの収集にオプトイン規制があるのは、広告や宣伝などが目的の場合や、SNSへの招待などで営業目的のWebサイトに誘導する場合です。このため、名刺交換をしてビジネスでやり取りをするメールアドレスや、企業のWebサイトなどで問い合わせ用のメールアドレスとして公開されているメールアドレス、取引先のメールアドレスなどを収集し、そこにビジネス上のやり取りのためにメールを送信するのであれば問題ありません。

特定電子メール法のような法律が定められているのは日本だけではありません。米国では、**CAN-SPAM法（連邦スパム規制法）**という法律があり、未承諾広告の配信に対する規制を定めています。

memo

無料で使えるメールサービスの中には、送信するメールに広告を挿入するものがありますが、これは本文とは関係ないため、未承諾広告には該当しません。
ただし、企業から配信するようなメールマガジンでは他社の広告が挿入されるのは好ましくないため、有料でメールサービスを契約するほうがよいでしょう。

■ オプトインの実現方法

メールアドレスを事前に収集できるような顧客は、その企業や商品、コンテンツに興味を持っていると判断できます。このため、その顧客に合わせた広告をメールで送信できると、新しい情報をピンポイントで届けられます。

このためには、**オプトインによって企業と顧客の間の信頼関係を構築することが重要です**。送信したメールがスパムメールと判断されて迷惑メールフォルダに入れられる確率を減らすためには、事前に受信の同意を得ておきます。

メールアドレスを収集するためには、次のような方法が考えられます。

- Web サイト上に申し込みフォームを設置する
- 店頭で商品を購入するときに会員登録する
- イベント実施後のアンケートにてメールアドレスを記入する

Web サイト上の申し込みフォームなどでメールアドレスを収集するときにオプトインの同意を得るためには、そのサイト上にプライバシーポリシーなどを配置し、フォーム内にチェックボックスを設置するなど、利用者が明示的に同意できるようにします。

また、店頭での会員登録やアンケートなどで収集するときも、個人情報の提供についての同意書を提示し、それを読んだうえで同意してもらうことが必要です。

このように収集方法が複数あるだけでなく、オプトインに使われる方法として**シングルオプトイン**と**ダブルオプトイン**があります。

シングルオプトインは単純な 1 段階の登録で、利用者が Web サイトなどでメールアドレスを入力し、同意した時点で送信対象のリストに追加します。店頭での会員登録やアンケートなどはこの方法が多いです。

一方、ダブルオプトインは 2 段階で、消費者がメールアドレスを入力したあとで、そのメールアドレスに送られる確認メールに記載されたリンクをクリックする必要があります【図 7-4】。

図 7-4　ダブルオプトイン

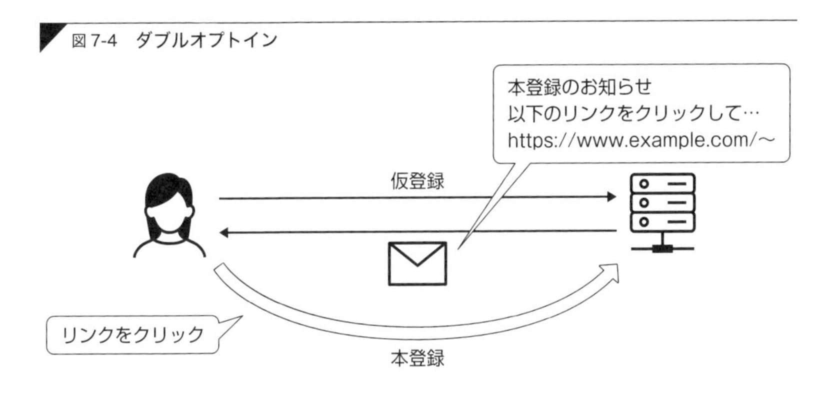

シングルオプトインでは、登録されたメールアドレスが存在しない、もしくは他人のメールアドレスが使われている、などの可能性がありますが、ダブルオプトインを使うことで、メールが問題なく届いたことを確認でき、受信者が能動的に参加したことを記録できます。

なお、特定電子メール法では、次のことを定めています。

電子メール広告を送信することについて消費者からの請求や承諾を受けた場合は、その記録を、電子メール広告を最後に送った日から 3 年間保存しておかなくてはならない

つまり、受信者が希望したことを示す証拠を提出できるように保存しておく必要があります。

利用者としても、どのようなメールアドレスからメールが届くのかを確認できるため、シングルオプトインよりもダブルオプトインのほうが多くの人に受信してもらえる可能性が高いといえそうです。

なお、EU などヨーロッパに在住の人が登録する可能性があるようなメールマガジンでは、GDPR（General Data Protection Regulation；EU 一般データ保護規則）について考慮する必要があります。GDPR ではデータの収集と使用に関してはダブルオプトインが必要だと定められています。

■ オプトアウトの実現方法

オプトインは顧客がメールを受け取ることを積極的に選択するのに対し、オプトアウトはその逆の行動です。つまり、メールは不要だと判断した顧客がメールの送信を停止することを要求できるようにします。

特定電子メール法では、広告を配信するときにはオプトインでメールアドレスを収集するとともに、オプトアウトにてメールの送信を停止するための導線を設置することを求めています。また、送信者の情報を表示する義務もあります。**つまり、メールマガジンなどを使って広告を配信するときには、メールの本文中に送信者の名前や連絡先を記載するとともに、配信を停止するためのリンクなどを記載します【図 7-5】。**

図 7-5　配信停止リンクの例

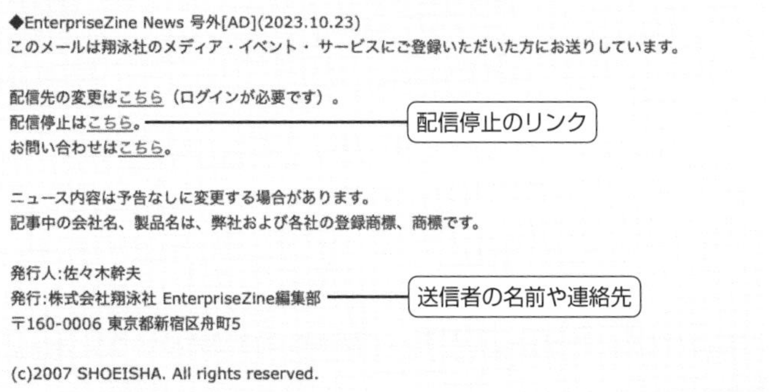

◆EnterpriseZine News 号外[AD](2023.10.23)
このメールは翔泳社のメディア・イベント・サービスにご登録いただいた方にお送りしています。

配信先の変更はこちら（ログインが必要です）。
配信停止はこちら。 ―― 配信停止のリンク
お問い合わせはこちら。

ニュース内容は予告なしに変更する場合があります。
記事中の会社名、製品名は、弊社および各社の登録商標、商標です。

発行人:佐々木幹夫
発行:株式会社翔泳社 EnterpriseZine編集部 ―― 送信者の名前や連絡先
〒160-0006 東京都新宿区舟町5

(c)2007 SHOEISHA. All rights reserved.

受信者はメールが不要であれば迷惑メールとして振り分けることもできますが、多くの受信者が迷惑メールと判定すると、送信者の評価に悪影響を与える可能性があります。

このため、**容易に配信を停止できるようなリンクを用意する、もしくはメールに返信してもらって削除する、会員ページにログインして配信を停止する、といった機能を用意することが求められます**。

7 - 4

プログラムからのメールの送信

使えるのはこんな人や場面！

- **Web 上の会員登録などプログラムから確認メールを送信したいとき**
- **プログラムで短時間に大量のメールを送ってはならない理由を知りたい方**

■ Web アプリからメールを送信する

多くの Web アプリでは、その利用に際して会員登録を求めています。会員登録することで、利用者に合わせた内容を表示できますし、何らかの連絡事項があったときには登録されたメールアドレスに対してメールで案内を送信できます。

このため、会員登録時には単純に ID とパスワードを発行するのではなく、メールアドレスの登録を求めます。このとき、適当なメールアドレスを入力されることを防ぐため、**登録内容を入力したあとで、利用者にメールを送信し、そこに書かれた URL をクリックすることで登録完了とするダブルオプトインの方法がよく使われます**。

ここで問題になるのは、プログラムからメールを送信する部分です。Web アプリの開発に使う言語が備えるメール送信ライブラリを使う方法の他、SendGrid や Mailgun などのクラウド型のメール送信サービスを使う方法があります。

たとえば、Web アプリの開発に PHP を採用している場合、PHP には mail という関数があります。日本語のメールを自動的にエンコードして送信する場合には mb_send_mail という関数を使います。

これを使うと、メールを送信するプログラムは次のように書けます。

```
$to = "someone@example.com";
$subject = "会員登録の確認";
$message = "あなたのアカウントが作成されました。";
$headers = "From: webmaster@example.com";

mb_send_mail($to, $subject, $message, $headers);
```

このような標準関数を使うだけでなく、PHPMailerのようなライブラリを使う方法もあります。PHPMailerはPHPのパッケージ管理システムであるComposerを用いて、次のようにインストールできます。

```
$ composer require phpmailer/phpmailer
```

そのうえで、次のようなプログラムでメールを送信します。

```
<?php

require 'vendor/autoload.php';

use PHPMailer\PHPMailer\PHPMailer;
use PHPMailer\PHPMailer\Exception;

$mail = new PHPMailer();
$mail->isSMTP();
$mail->SMTPAuth = true;
$mail->Host = 'smtp.example.com';
$mail->Username = 'webmaster@example.com';
$mail->Password = 'p@ssw0rd';
$mail->SMTPSecure = 'tls';
$mail->Port = 587;

$mail->addAddress('someone@example.com');
$mail->setFrom('webmaster@example.com');
$mail->Subject = 'Test Mail';
$mail->Body    = 'あなたのアカウントが作成されました。';
```

```
if(!$mail->send()) {
    echo 'Mailer Error: ' . $mail->ErrorInfo;
} else {
    echo 'Message has been sent';
}
```

SendGridやMailgunなどのメール送信サービスを使うときは、それぞれのサービスで提供されているSDKやライブラリ、独自のAPIを通じてメールを送信する処理を実装します。**これらのサービスは、メールがスパムとして判定されにくいよう工夫がなされています。**

たとえば、PHPでSendGridを使うには、Composerを使って次のようにライブラリをインストールします。

```
$ composer require sendgrid/sendgrid
```

そして、次のようなプログラムでメールを送信します。

```
<?php
require 'vendor/autoload.php';

$email = new \SendGrid\Mail\Mail();
$email->setFrom("webmaster@example.com", "Example");
$email->setSubject("Test Mail");
$email->addTo("someone@example.com");
$email->addContent("text/plain", "あなたのアカウントが作成されました。");

$sendgrid = new \SendGrid(getenv('SENDGRID_API_KEY'));
try {
    $response = $sendgrid->send($email);
    print $response->statusCode() . "\n";
    print_r($response->headers());
    print $response->body() . "\n";
} catch (Exception $e) {
    echo 'Caught exception: '. $e->getMessage() ."\n";
}
```

このように、プログラムからメールを送信する方法はよく使われます。

■ 一斉にメールを送信する

会員登録の処理でもプログラムからメールを送信しますが、登録するタイミングは利用者によって異なります。さまざまなタイミングで1件ずつメールを送信するだけなので、スパムメールと判定されることはあまりありません。SPFやDKIMなどの設定をしておけば、それほど問題になることはないでしょう。

一方で、会員登録が終わった利用者に対して、メールを一斉配信したい場合があります。このとき、7-1節や7-2節で解説したメーリングリストやメールマガジンを使う方法もありますが、プログラムから送信する方法も考えられます。

前述したように、PHPで開発したWebアプリであれば、mail（mb_send_mail）などの関数を使う方法もありますし、SendGridやMailgunなどのサービスを使う方法もあります。

ただし、プログラムから短時間に大量のメールを送信すると、送信側のメールサーバーに負荷がかかって障害が発生したり、受信者側でスパムメールに分類されやすくなったりします。このため、**プログラムから送信する場合は、メールサーバーの負荷を調べながら、送信する件数を調整するなど、一度に大量のメールを送信することがないようにします**。一定の件数を送信したら間隔を空けてから次を送信するなどの工夫が求められています。

なお、会員登録するときにメールアドレスを収集していても、それを会員の識別以外の目的で使うときは注意が必要です。広告を意図したDMを送信することを考える場合には、メールアドレスの利用目的を会員登録時に通知しておく必要があります。

Exercises 練習問題

Q1 メーリングリストの特徴として正しいものはどれか。

A）メールを受け取った人は、連絡網を見て次の受信者に転送する

B）メーリングリストに投稿できるのは管理者だけである

C）社内で使用するものであり、インターネット経由では使えない

D）特定の人だけでなく、参加者がメールを投稿できる

Q2 テレビCMや新聞広告と比較して、メールマガジンを使うメリットとして正しいものはどれか。

A）費用が安い　B）幅広い顧客に届けられる

C）購入者の単価が高くなる　D）セキュリティ面をアピールできる

Q3 メールマガジンに利用者を登録するときに、利用者が明示的に参加を選択する方式を指す言葉として正しいものはどれか。

A）ブラックリスト　B）オプトイン

C）オプトアウト　D）フィッシング

Q4 プログラムからメールを送信するときにスパムメールとして振り分けられるリスクを減らす工夫として正しい記述はどれか。

A）日本語を使用せず、英語のメールとして送信する

B）テキスト形式ではなくHTML形式のメールとして送信する

C）一度に大量のメールを送信せず、間隔を空けて送信する

D）URLを記載せず、画像を添付ファイルとして送信する

正解）Q1：D、Q2：A、Q3：B、Q4：C

あとがき

本書では、SMTPやPOP、IMAPといったプロトコルから、サーバーの構築、セキュリティに関連する話題まで、幅広い技術を取り上げました。他にも、MIMEやSTARTTLSのように、既存のメールのしくみを大きく変更することなく、より安全にメールをやり取りできるように拡張されてきたことを解説しました。

普段はあまり意識せずに使っているメールでも、安心して利用できるためにさまざまな技術が使われていることがおわかりいただけたでしょうか？

一度読むだけでは理解が難しい部分もありますが、実際にメールソフトの設定を変更したり、メールサーバーを構築したりすることで、メール技術についての理解を深めていただければと考えています。

なお、メールについての技術は常に進化し続けています。スパムメールのトレンドは変化しますし、暗号化や認証などセキュリティ面で求められることも増えています。

そして、メールより便利なチャットやSMS、SNSのようなツールが次々登場していますし、クラウド型のグループウェアなどの普及により自社でメールサーバーを構築するような使い方は減ってきました。

気づかないうちにメールを使う頻度が減っているかもしれませんが、今後もメールは使われ続けることでしょう。普段は意識することが少ないため、注目していないと変化に気づかないこともあります。そのときに時代の変化に遅れないように、常に新しい知識を探求し、学び続ける姿勢が不可欠です。

メールはIT業界全体の変化に比べると安定している技術だともいえますが、それでも変化しているのです。

さて、本書の第1章では、メールを送信するときに、相手のドメインのメールサーバーに直接送信するのではなく、送信者が契約しているメールサーバーに送信してから転送する方法が使われることについて考えていただきました。

第2章で解説したように、相手のメールサーバーに直接接続してメールを送信することもできるのにも関わらず、現実的には使われていない理由を整理してみましょう。

理由 1　認証によるスパムメールの防止

メールのしくみは、性善説に基づいており、誰もが自由にメールを送信できます。これは便利な一方で、スパムメールも自由に送信できてしまいます。そこで、OP25Bによって送信者を認証するしくみが導入されました。

受信側のメールサーバーでも、SPFやDKIM、DMARCなどの送信ドメイン認証によって、認証されていない送信者からのメールの取り扱いを変えられるようになりました。

つまり、メールサーバーに直接送信すると、受信側のメールサーバーとしては送信者が正しい人物であることを確認する手段がないため、スパムメールとして扱われる可能性が高まります。

理由 2　障害発生時における配信の再試行

受信者のメールサーバーが障害などにより一時的に利用できない状態になることがあります。このとき、受信者のメールサーバーに直接アクセスする方法では、そのメールサーバーが復旧するまで送信者は待たなければなりません。

しかし、送信者が契約しているメールサーバーを使用することで、送信者が送信したメールは送信者のメールサーバーで一時的に保管されます。そして、メールサーバー間で自動的に再送を試みるため、送信者は相手のメールサーバーの状況に左右されずにメールを送信できます。

理由 3　配送エラーへの対応

インターネット上で複数のメールサーバーをメールが経由するとき、そのメールのヘッダーには、経由したメールサーバーの情報が記録されます。つまり、受信側ではそのメールが配送された経路を追跡できます。

これにより、メールの配送中に何らかのエラーが発生した場合は、エラーメールの内容を確認することで、どこで問題が発生したのかを特定できます。

また、送信側のメールサーバーの情報がメールのヘッダーに書かれていることで、エラーが発生したときにエラーメッセージを送信者側に戻すことができます。受信者のメールサーバーに直接アクセスしていると、エラーを返す先がわからず、エラーの発生に気づくことは困難です。

理由 4　SMTPサーバーの特定

第2章の解説では、受信者のメールサーバーに対してIPアドレスを指定してアクセスしていました。しかし、一般の利用者は相手のメールサーバーのIPアドレスを知りません。

つまり、受信者のメールサーバーに直接送信するには、受信者のメールサーバーのIPアドレスを知る必要があります。受信者のメールサーバーのIPアドレスは、DNSのMXレコードによって得られますが、一般的なメールソフトはこれを取得する機能を備えていません。

以上のように、さまざまな理由があり、一般的なメール送信ではメールソフトが送信者の契約したメールサーバーに接続し、そのサーバーを介してメールを送信します。

このように、一般の利用者が安心してメールを使えるように、メールを取り巻くプロトコルはさまざまな工夫の上に成り立っていることがわかります。

本書で解説したように、メールを取り巻く技術は、導入された理由などについても考えながら学ぶことが大切です。これからもメールに関する技術は変わり続けることが予想されますが、現状でどのような課題があるのか、それに対してどのような解決方法があるのかを考えると、その解決方法を実現する技術が導入された理由がわかります。

メールをただ使うだけでなく、どのような背景があって現在の構成になっているのかを考えながら学んでいただけると嬉しいです。

2024年1月　増井 敏克

本書内容に関するお問い合わせ

このたびは翔泳社の書籍をお買い上げいただき、誠にありがとうございます。弊社では、読者の皆様からのお問い合わせに適切に対応させていただくため、以下のガイドラインへのご協力をお願いいたしております。下記項目をお読みいただき、手順に従ってお問い合わせください。

●ご質問される前に

弊社Webサイトの「正誤表」をご参照ください。これまでに判明した正誤や追加情報を掲載しています。

正誤表　https://www.shoeisha.co.jp/book/errata/

●ご質問方法

弊社Webサイトの「書籍に関するお問い合わせ」をご利用ください。

書籍に関するお問い合わせ　https://www.shoeisha.co.jp/book/qa/

インターネットをご利用でない場合は、FAXまたは郵便にて、下記"翔泳社 愛読者サービスセンター"までお問い合わせください。電話でのご質問は、お受けしておりません。

●回答について

回答は、ご質問いただいた手段によってご返事申し上げます。ご質問の内容によっては、回答に数日ないしはそれ以上の期間を要する場合があります。

●ご質問に際してのご注意

本書の対象を超えるもの、記述個所を特定されないもの、また読者固有の環境に起因するご質問等にはお答えできませんので、あらかじめご了承ください。

●郵便物送付先およびFAX番号

送付先住所　〒160-0006　東京都新宿区舟町5
FAX番号 03-5362-3818
宛　先　(株)翔泳社 愛読者サービスセンター

※本書に記載されたURL等は予告なく変更される場合があります。
※本書の出版にあたっては正確な記述につとめましたが、著者や出版社などのいずれも、本書の内容に対して何らかの保証をするものではなく、内容やサンプルに基づくいかなる運用結果に関してもいっさいの責任を負いません。

※本書に記載されている情報は2024年1月執筆時点のものです。

索　引

A～C

D～G

H～L

M～P

Q～T

U～W

あ 行

か 行

さ 行

ら・わ行

参考文献

書籍

- Simson Garfinkel（著）、山本和彦（監訳）、ユニテック（翻訳）
  『PGP―暗号メールと電子署名』 オライリー・ジャパン（1996年）
- Jerry Peek（著）、Adrian Nye（著）、小川正夫（監訳）、本多淳子（監訳）、加藤勝明（翻訳）
  『Emailサーバ構築ガイド』 オライリー・ジャパン（1996年）
- Bryan Costales（著）、Eric Allman（著）、中村素典（監訳）、鈴木克彦（翻訳）
  『sendmailシステム管理』 オライリー・ジャパン（1997年）
- 高橋隆雄（著）
  『sendmailとqmailによるLinuxメールサーバー構築ガイド』 エーアイ出版（2000年）
- Richard Blum（著）、コスモプラネット（翻訳）
  『Postfixメールサーバの構築』 アスキー（2002年）
- 市川順一（著）
  『スパムウィルスクラッキングを絶対阻止するメールサーバ』 ローカス（2003年）
- Kyle D.Dent（著）、菅野良二（翻訳）
  『Postfix実用ガイド』 オライリー・ジャパン（2004年）
- 渡部綾太（著）、愛甲健二（著）
  『スパムメールの教科書』 データハウス（2006年）
- デージーネット（著）
  『Linuxで作る完全メールシステム構築ガイドsendmail/Postfix/qmail対応』 秀和システム（2007年）
- アンキット・ファディア（著）、小川晃夫（翻訳）
  『ハッキング非公式ガイド』 ビー・エヌ・エヌ新社（2007年）
- 清水正人（著）**『Postfix実践入門』** 技術評論社（2010年）
- 草野真一（著）**『メールはなぜ届くのか』** 講談社（2014年）
- 古賀政純（著）**『CentOS 8実践ガイド［サーバ構築編］』** インプレス（2021年）

Webサイト

- **電子メールのセキュリティに関するガイドライン（独立行政法人情報処理推進機構）**
  https://www.ipa.go.jp/security/reports/oversea/nist/ug65p90000019cp4-att/000025332.pdf
- **電子メールあれこれ（山本和彦）**
  https://www.mew.org/~kazu/doc/newsletter/
- **迷惑メール白書2021（迷惑メール対策推進協議会）**
  https://www.dekyo.or.jp/soudan/aspc/wp.html
- **各種RFC（IETF）**
  https://www.ietf.org/rfc/
- **特定電子メールの送信の適正化等に関する法律**
  https://elaws.e-gov.go.jp/document?lawid=414AC0100000026
- **CAN-SPAM Act**
  https://www.ftc.gov/business-guidance/resources/can-spam-act-compliance-guide-business

組織

- **一般社団法人日本データ通信協会 迷惑メール相談センター**https://www.dekyo.or.jp/soudan/index.html
- **JPAAWG（Japan Anti-Abuse Working Group）** https://www.jpaawg.org
- **フィッシング対策協議会**https://www.antiphishing.jp
- **一般社団法人日本ネットワークインフォメーションセンター**https://www.nic.ad.jp/ja/

増井　敏克（ますい　としかつ）

増井技術士事務所 代表
技術士（情報工学部門）
1979年奈良県生まれ。大阪府立大学大学院修了。テクニカルエンジニア（ネットワーク、情報セキュリティ）、その他情報処理技術者試験にも多数合格。また、ビジネス数学検定1級に合格し、公益財団法人日本数学検定協会認定トレーナーとして活動。「ビジネス」×「数学」×「IT」を組み合わせ、コンピュータを「正しく」「効率よく」使うためのスキルアップ支援や、各種ソフトウェアの開発を行っている。
著書に『おうちで学べるセキュリティのきほん』、『図解まるわかり セキュリティのしくみ』、『どうしてこうなった？ セキュリティの笑えないミスとその対策51』、『IT用語図鑑』（以上、翔泳社）、『基礎からのWeb開発リテラシー』、『Obsidianで“育てる”最強ノート術』（以上、技術評論社）、『1週間でシステム開発の基礎が学べる本』（インプレス）、『プログラミング言語図鑑』（ソシム）などがある。

装丁・本文デザイン：和田 奈加子
DTP：株式会社 明昌堂

実務で使える メール技術の教科書

基本のしくみからプロトコル・サーバー構築・送信ドメイン認証・
添付ファイル・暗号化・セキュリティ対策まで

2024年2月21日 初版第1刷発行
2024年4月20日 初版第3刷発行

著者　増井 敏克
発行人　佐々木 幹夫
発行所　株式会社 翔泳社（https://www.shoeisha.co.jp）
印刷・製本　株式会社 ワコー

ISBN 978-4-7981-8393-0
Printed in Japan